MEG
177

Verlag Podszun-Motorbücher GmbH
Elisabethstraße 23-25, D-59929 Brilon
Internet: www.podszun-verlag.de
Email: info@podszun-verlag.de

Herstellung Druckhaus Cramer, Greven

ISBN 978-3-86133-568-9

Jahrbuch 2011 Traktoren

Oliver Aust
Allgaier A 111 5

Eugen Eben
Heinrich Rümmelein – das letzte Jahr als Betriebsleiter 9

Michael Bach
Ferguson-Brown und Deutz-Stahlschlepper F2M315 33

Dr. Heinrich Ostarhild und Dipl.-Ing. Fritz Braun
Sicherheitseinrichtungen gegen Personenschäden bei Schlepper-Umstürzen 53

Klaus-Uwe Hölscher
Irus Einachsschlepper 61

Oliver Aust
Der Farm Express, das Farmobil und die Ponnys 73

Udo Paulitz
Traktoren in Feuerwehrdiensten 85

Dr. Heinrich Ostarhild
Allrad-Schlepper im Landschaftsgartenbau 95

Dipl.-Ing. Lars Heyde
Ford Traktoren in der ehemaligen DDR 105

Oliver Aust
Deutz Intrac 113

Dipl.-Ing. Erwin Neubauer
Traktormotoren Anfang der 1960er Jahre 117

Stefan von der Ropp-Brenner
BTG-Deutz D 40 133

PODSZUN

Liebe Leserin, lieber Leser!

Zum 16. Mal erscheint das Jahrbuch Traktoren. Wir freuen uns, Ihnen wieder interessante Themen rund um Ihr Hobby anbieten zu können. Dank gilt an dieser Stelle allen Autoren und Bildgebern, die in den letzten Wochen und Monaten mit Engagement und einer Menge Zeitaufwand gearbeitet haben, damit dieses Jahrbuch rechtzeitig zur Frankfurter Buchmesse erscheinen kann. Übrigens: Abbildungen, die nicht namentlich gekennzeichnet sind, wurden jeweils von den Verfassern der Artikel zur Verfügung gestellt.

Dank gilt auch Ihnen, liebe Leserin, lieber Leser, für die Zuschriften oder Telefonate, in denen Sie Kritik äußerten und Anregungen lieferten. Wir freuen uns auf den Kontakt mit Ihnen und sind gerne bereit, Ihre Wünsche zu berücksichtigen.

Wir wünschen Ihnen nun viel Vergnügen mit dem Jahrbuch. Das nächste Jahrbuch Traktoren, die Ausgabe 2012, ist ab Oktober 2011 erhältlich.

Ihr Redaktionsteam „Jahrbuch Traktoren“

P.S.

Sie können das Jahrbuch in Buchhandlungen oder direkt beim Verlag abonnieren
Von den Ausgaben 2002, 2003, 2004, 2005, 2006, 2007, 2008, 2009 und 2010 sind noch Restexemplare lieferbar. Fordern Sie kostenlos und völlig unverbindlich unser Gesamtverzeichnis an mit Büchern über Traktoren, Forstmaschinen, Baumaschinen, Lastwagen, Schwertransporte, Autos, Motorräder, Lokomotiven und Feuerwehrfahrzeuge:

Verlag Podszun-Motorbücher GmbH, Elisabethstraße 23-25, D-59929 Brilon
Telefon 02961/53213, Fax 02961/2508, Email: info@podszun-verlag.de
Internet: www.podszun-verlag.de

Allgaier A 111

von Oliver Aust

Die Geschichte der Firma Allgaier geht zurück bis ins Jahr 1906, in dem der Familienbetrieb Allgaier in Uhingen als mittelständische Firma Metall verarbeitete. 1946 produzierte Allgaier den ersten Schlepper. Er besaß einen Kaelble-Motor und wurde R 18 genannt. Der robuste Schlepper mit 18 PS war, genau wie die drei folgenden Schlepper, ein Prototyp. 1947 begann das Unternehmen mit der Serienfertigung der Traktoren und verkaufte bis 1949 bereits 1000 Stück. Im gleichen Jahr begann Allgaier die Zusammenarbeit mit Porsche. Der erste Traktor, der aus der Zusammenarbeit der beiden Firmen entstand, war der AP 17, System Porsche, der auf der vierzigsten DLG Ausstellung in Frankfurt vorgestellt wurde. Der Motor- und Getriebeblock und viele weitere Einzelteile dieses Schleppers bestanden aus einer Aluminiumlegierung und wurden im Spritzgussverfahren gefertigt. Hieraus ergab sich eine enorme Gewichtsreduktion des Traktors. Weitere Merkmale des Schleppers waren der stehende Zweizylinder-Dieselmotor mit Ölreinigungszentrifuge, elektrischem Anlasser, ölhydraulischer Kupplung und Spurenverstellung. 1951 waren bereits 5 000 Schlepper produziert worden. Nach ständiger Weiterentwicklung erschien 1951 der AP 17-51 und ein Jahr später, mit stärkerer Leistung, der AP 22. Wieder ein Jahr später kam der A 12, ein besonders preisgünstiger Kleinschlepper, auf den Markt. Nachdem man an diesem Traktor einige Verbesserungen vorgenommen hatte, präsentierte Allgaier den A 16.

In Zusammenarbeit mit Porsche entwickelten die beiden Unternehmen 1952 eine ganz neue Schlepperreihe. Sie bestand aus den Modellen A 111, A 122, A 133 und A 144, die mit ihren unterschiedlichen Leistungen den vielfältigen Ansprüchen der Landwirte gerecht wurden.

Der A 111 ist der kleinste Schlepper, der aus der Zusammenarbeit von Porsche und Allgaier entstand. Gedacht war er für die kleinbäuerlichen Betriebe, bei denen noch Pferd und Ochse angespannt wurden. Der vielbeachtete Schlepper fiel auf durch seine „Wespentaille“ und bot mit seinen Zwischenachs-Anbaumöglichkeiten eine gelungene Kombination von Zugmaschine und Geräteträger.

Die Schaltung mit vier Vorwärts- und vier Rückwärtsgängen ist mittig angeordnet und für den Fahrer gut erreichbar

Die Vorgänger der Porsche Schlepper waren die von der Firma Allgaier von 1950 bis 1957 in Lizenz hergestellten Traktorenkonstruktionen von Ferdinand Porsche (1875 bis 1951). Deshalb befindet sich auf der Haube die Bezeichnung „System Porsche"

Der A 111 ist ein Leichtgewicht von 930 kg, was auf sein luftgekühltes Antriebsaggregat und die einfache Bauweise zurückzuführen ist. Seine Besonderheit ist sowohl das mit vier Vorwärts- und Rückwärtsschaltstufen ausgebildete Getriebe, als auch die zur Verwendung von Düngestreuer, Treibachsanhänger und Sämaschine fahrabhängig umschaltbare Zapfwelle. Gegen Aufpreis waren Riemenscheibe, Mähwerk, hydraulischer Kraftheber, Vorder- und Hinterradzusatzgewichte, elektrische Vorglüh- und Anlasseranlage sowie Geräterahmen und Anbaugeräte erhältlich.

Der A 111 war eine wohldurchdachte Konstruktion, die sich im Einsatz überaus gut bewährte, zumal bereits nach kurzer Anlaufzeit ein umfangreiches, speziell auf dieses Modell abgestimmtes Anbaugeräteprogramm zur Verfügung stand. Als Pflegeschlepper kam ihm seine beachtliche Bodenfreiheit von 535 mm zugute. Speziell für Grünlandbetriebe stand ab Frühjahr 1954 eine um wenige Zentimeter kürzere Variante zur Verfügung. 1953 war der mit 4 340 DM recht günstige A 111 mit 1734 verkauften Einheiten der meistverkaufte Schlepper des Allgaier-Programms. 80 Prozent aller Einzelteile unter den einzelnen Schleppertypen System Porsche lassen sich untereinander austauschen.

Nach Produktionsende des A 111 folgten – nun unter Porsche-Regie – zunächst der P 111 und später der Junior. Heute trifft man Allgaier-Schlepper auf Oldtimerveranstaltungen und, besonders im Allgäu, auch noch bei Landwirten im Einsatz.

Der A 111 hat die schmale sogenannte“ Wespentaille“, die aus dem zwischen Vorder- und Hinterachse angeordneten Verbindungsholm besteht, der die auf das Getriebe wirkende Antriebswelle beherbergt. Dadurch wird eine günstige Gewichtsverteilung erzielt

Technische Daten

Allgaier Dieselschlepper A 111

Ausführung	Allgaier A 111

Fahrzeugdaten

Bauzeit	1952 – 1955
Bauweise	rahmenlose Blockbauweise
Höchstgeschwindigkeit	16,5 km/h

Motordaten

Art	1-Zylinder-/Viertakt-Wirbelkammer-Diesel
Typ	A 111
Kühlsystem	Luftkühlung mit Radialgebläse
Leistung	12 PS/8,8 kW
Drehzahl	2200 U/min
Bohrung x Hub	95 x 116 mm
Hubraum	822 cm^3
Getriebe	vier Vorwärts- vier Rückwärtsgänge
Antrieb	auf die Hinterräder

Masse und Gewichte

Länge	2495 mm
Breite	1460 mm
Höhe	1565 mm
Radstand	1700 mm
Spur vorne/hinten	1028/1600 mm, verstellbar
Leergewicht	930 kg
Bereifung vorne/hinten	4.00 - 15/8 - 24

Der Allgaier A 111 wird noch heute für täglich anfallende Arbeiten genutzt. Er ist des Besitzers ganzer Stolz und unverkäuflich

Heinrich Rümmelein – das letzte Jahr als Betriebsleiter

Schlepperbestand	Anzahl	Motorleistung (PS)
Schlüter Allrad	1	80
Deutz Raupen (luftgekühlt)	2	60
Deutz Radtraktoren (wassergekühlt)	2	50
MAN Allrad	1	42
MAN Allrad	1	40
MAN Allrad	2	35
Ferguson	2	33
Fendt	1	50
Schmotzer Kombi	2	15

von Eugen Eben

Das Jahr 1968 ist allen als die Zeit der Studentenunruhen und des politischen Umbruchs in Erinnerung, aber es gab auch weniger spektakuläre Ereignisse.

Nach 23 Jahren als Betriebsleiter des „Fürstlich Thurn und Taxis´schen Gutes Schloss Haus“, in Neueglofsheim beendete Oberverwalter Heinrich Rümmelein seine aktive Berufszeit. Von seiner Belegschaft erhielt er diese Fotos zum Abschied. Zur Erinnerung an meinen Lehrherrn und Schwiegervater habe ich diesen Bericht verfasst.

Das Haus Thurn und Taxis unterhielt damals neben einigen Schlössern, zwei Brauereien, eine Bank, war in der Schmuckindustrie tätig und bewirtschaftete große Wälder und landwirtschaftliche Betriebe im In- und Ausland.

In der Nähe von Regensburg befand sich „Schloss Haus“, einer der Wohnsitze des damaligen Fürsten Franz-Joseph von Thurn und Taxis.

Zu diesem Besitz gehörte ein landwirtschaftlicher Gutsbetrieb, der zusammen mit dem Vorwerk Höhenberg etwa 400 ha (Schloss Haus 225 ha, Höhenberg 175 ha) landwirtschaftliche Nutzfläche umfasste.

Unter dem Schloss befindet sich das Verwalterhaus, die Stallungen, davor ein Wohnhaus der Belegschaft und links die Verschlussbrennerei

Sorten und Durchschnittserträge der wichtigsten Feldfrüchte:

Fruchtart	Züchter	Sortenname	Ertrag dt/ha
Winterweizen	Schweiger	Jubilar	32
Wintergerste	Engelen	DEA	35
Sommergerste	Firlbeck	Union	39
Raps	-	Lempke	24
Hafer	Endress	Früher Gelbhafer	-
Kartoffeln	-	Maritta u. Irmgard	280
Zuckerrüben	-	Polybeta	480

Flächenverteilung:	ha	%
Getreide, Raps	210	52
Kartoffeln	52	13
Zuckerrüben	40	10
Feldfutterbau	32	8
Wiesen und Weiden	55	14
Sonstige Flächen	11	3

Ein Blick vom „Hungerturm" in den Schlosshof und auf die restlichen Wirtschaftsgebäude und auf einen Teil der landwirtschaftlichen Flächen mit den ausgezeichneten Lößlehm-Böden. Karpfenmast – Hobby des Betriebsleiters und ein Zubrot für den Betrieb

Die „Mannschaft" ohne Stallpersonal und Vorwerk Höhenberg. Es waren 24 weibliche und 22 männliche Mitarbeiter beschäftigt

Die Verschlussbrennerei für etwa 2100 hl Brennrecht verarbeitete die betriebseigenen Stärkekartoffeln. Reichten die Kartoffel nicht aus, um das Brennrecht zu erfüllen, wurden bei Bedarf Kartoffeln, Milokorn oder Mais zugekauft und gebrannt.

Um „aufgefrorene" Getreidebestände festzutreten, waren die Schafe des Wanderschäfers im Frühjahr gern gesehen

Das Düngerstreuen wurde mit diesen Kuxmann -Tellerstreuern mit 4,5 m Arbeitsbreite erledigt. Zur Straßenfahrt konnten die Streuaggregate in Längsrichtung geschwenkt werden

Die Zuckerrübensaat erfolgte mit dem 6-reihigen Fähse-Einzelkornsägerät. Zur Überwachung der Funktion von Sämaschine und Reihenspritze lief stets eine Person hinter dem Gerät

Um im Frühjahr bei der Saatbettbereitung schädlichen Bodendruck zu verringern, wurde die 60 PS Deutz-Raupe eingesetzt. Am Eggenwagen waren eine 4-teilige Löffel-, eine mittelschwere Egge und ein Kombikrümler angehängt

Die Schädlings- und Unkrautspritzungen erfolgten mit der 3 m breiten Schmotzer-Kombi mit 9 m Spritzgestänge. Auf den hängigen Flächen des Betriebes war die Motorleistung von 15 PS allerdings äußerst knapp

Die Maschinenhacke wurde entweder mit der 3 m breiten Schmotzer-Kombi oder mit einem Hydraulik-Anbaugerät durchgeführt. Um den Bodendruck möglichst gering zu halten, kam ein leichter 33 PS Ferguson Schlepper zum Einsatz

Das Vereinzeln und die „Rundhacke“ der Zuckerrüben übernahm die Frauenkolonne. Sie wurde je nach Arbeitsanfall um männliche Arbeitskräfte ergänzt

Zur bodenschonenden Spritzung im Zuckerrübenanbau wurde ein Hubschrauber getestet. Die hohen Kosten verhinderten jedoch weitere Einsätze

Die Ernte der Zuckerrüben erfolgte mit diesen einreihigen Stoll-Vollerntern an 35-PS MAN-Allradtraktoren, ein für diese Zeit sehr modernes und leistungsstarkes Gespann

Rübenblatt war zu dieser Zeit ein sehr wertvolles Viehfutter. Um möglichst Blatt-Verluste zu vermeiden, wurde von Hand nachgeputzt. Das Laden der Blätter zur Silagebereitung erfolgte entweder mit diesem Baas- Schwenklader oder…

...mit diesem Baas-Frontlader an dem 50 PS Fendt-Schlepper ohne Allradantrieb

Nahe dem Betrieb setzte man eine bis zu 5 m hohe Blattmiete mit einem selbstfahrenden Seilbagger von Sennebogen auf. Mit der Deutz-Raupe wurden die Blätter festgewalzt. So entstand eine ausgezeichnete Silage als Winterfutter für Kühe und Rinder

Die Zuckerrübenmiete wurde am Feldrand angelegt und die Rüben dann …

… mit dem betriebeigenen Sennebogen-Bagger auf Anhänger verladen. Sie wurden am Bahnhof Hagelstadt mit einer Hebekippbühne in Waggons verladen und zur Zuckerfabrik nach Regensburg transportiert

Kartoffelbestellung und Ernte

Auf dem Betrieb wurden hauptsächlich Stärkekartoffeln zur Verwertung in der betriebseigenen Verschlussbrennerei angebaut. Der sehr reine, hochprozentige Alkohol musste ausschließlich an die staatliche Monopolverwaltung abgeliefert werden.

Noch drei Jahre zuvor mussten die Kartoffeln von 22 Frauen von Hand im Akkord gelesen werden. Die Leistung der „elf Körbe" lag pro Tag bei etwa 1600 bis 2000 Zentner. Eine Frau kam im Durchschnitt bei 32 Pfennig pro Korb auf etwa 4,50 DM Stundenlohn. Für Transportaufgaben wurden 50 PS starke, noch wassergekühlte Deutz eingesetzt.

Die Kartoffeln wurden mit dem 4-reihigen Kleine-Legemeister am 42 PS MAN Allradtraktor gelegt. Dies war zu jener Zeit absolut neuester Stand der Technik

CLIMAX
DEUTZ
MAN

Die Kartoffeln wurden mit holländischen, einreihigen Climax-Vollerntern eingebracht. Die Climax-Maschinen waren für Stärke- und Industrieware gut geeignet – für die Ernte von Speisekartoffeln jedoch zu aggressiv. Obwohl noch einige Personen auf den Maschinen zum Auslesen benötigt wurden, war die mechanische Ernte eine große Erleichterung

Zur Saat und zum Pflanzenschutz wurden neben gezogenen Geräten die Schmotzer-Kombi genutzt

Bodenschonende Düngungsversuche im Getreide mit Agrarflugzeugen. Einige Kleeböcke im Feld zur Seite gerückt, fertig war die Start- und Landebahn! Das Einfüllen des Düngers in die Streuer der Maschinen war Knochenarbeit

Erst die Neuentwicklung Claas Matador Gigant mit 3 m Schnittbreite war ausreichend, um die Getreideernte sicher einbringen zu können. Bereits damals wurde der Korntankinhalt während der Arbeit auf nebenherfahrende Fahrzeuge überladen. Damit war man der Zeit voraus! Im Getreidelager wurde eine Schüttgosse eingebaut – so wurde die Abladeleistung der Druschkapazität angepasst.

Etwa drei bis vier Jahre vor diesen Aufnahmen wurde das Getreide noch mit dem Binder gemäht, auf Hocken aufgestellt, in die Scheune eingefahren und mit der Dreschmaschine (Neuanschaffung im Jahr 1962) im Hof gedroschen. Zu dieser Zeit gab es noch keine ausreichend leistungsfähigen Mähdrescher

Durch den hohen Viehbestand wurde alles Stroh und Heu zur Einstreu und Fütterung benötigt. Dazu waren IHC-Hochdruckpressen im Einsatz. Um die Maschinenleistung zu erhöhen wurden die Ballen auf dem Boden abgelegt

Die schweren Ballen mussten dann von Hand auf die Anhänger gespießt werden. Wurde diese schwere Arbeit von Frauen verrichtet, erhielten diese Männerlohn, das war zu dieser Zeit nicht die Regel

Der Stall mit 130 Kühen und einer Milchleistung von 3500 kg pro Tier im Jahr hatte noch eine 6-Eimer-Melkanlage und Kopffuttertische. Ausgemistet wurde über einen gemeinsamen Mistgang von Hand. Der Mist wurde mit der Schubkarre auf die durch Hanglage 5 m tiefer gelegene Miststätte gekippt. Das Ausbreiten des Mistes auf die Felder geschah von Hand vom fahrenden Anhänger mit sechs Personen pro Wagen.

Die Dampfpflug-Kolonne bestand aus fünf Personen (1 Kolonnenführer, 2 Lokomobile-Maschinisten und 2 Mann auf dem Pflug). Wenn beim Pflügen in Hanglage die Lokomobile-Führer keinen Sichtkontakt hatten, übernahm an der Kuppe ein zusätzlicher Mann die Befehlsübermittlung mit Fahne. Zusätzlich benötigte man mindestens ein Gespann zum Transport von Wasser und Kohle.

Erst der 80 PS Schlüter Allradtraktor mit Vierschar Gassner Volldrehpflug schaffte dieselbe Flächenleistung mit einem Mann. Die Markteinführung dieses Großtraktors war für Gutsbetriebe wie Schloss Haus ein riesiger Fortschritt, große Arbeitserleichterung und Kostenersparnis. Diese Entwicklung führte schließlich zur Auflösung der Dampfpflug-Genossenschaft Neutraubling.

Die Viehhaltung war in erster Linie auf Schlempeverwertung ausgerichtet. Deshalb wurden großrahmige, schwere Tiere bevorzugt, die viel Schlempe aufnehmen konnten (pro Kuh 40-50 Liter, bei Mastbullen 30-40 Liter Schlempe/Tag). Die gesamte Schlempe der Brennerei musste über den Tiermagen verwertet werden, sonst wurde von der Monopolverwaltung das Brennrecht gekürzt und Strafe verhängt. Da die Verwertung der Schlempe Priorität im Stall hatte, durften die Kälber sehr lange an ihren Müttern saugen. Dies führte zu gesunder Nachzucht und ausgezeichneter Qualität des Kalbfleisches. Das Jungvieh war fast das ganze Jahr auf der Weide

Für leichte Feld- und Transportarbeiten waren noch einige schwere Kaltblutpferde im Einsatz. Bis zum Jahr 1965/66 wurde die Pflugarbeit mit dem Dampfpflug durchgeführt (Furchentiefe 30 cm, mit Untergrundlockerung 45 cm)

Nach 23 Jahren Einsatz für den Betrieb Schloss Haus und das Haus „Thurn und Taxis“ erfolgte die Verabschiedung von Oberverwalter Heinrich Rümmelein und seiner Frau Dorothea durch den Direktor der Fürstlich Thurn- und Taxis`schen Güterverwaltung Dr. Messenzehl und die Übergabe der Betriebsleitung an den Nachfolger

Der Tariflohn im Jahr 1967/1968

für Landarbeiterinnen	**DM 2,32**
für Landarbeiter	**DM 2,97**
für qualifizierte Schlepperfahrer	**DM 3,28**

Dazu kamen jeweils Zuschläge für geleistete Überstunden bzw. Sonntagsarbeit. Die tarifliche Wochenarbeitszeit betrug 46 Stunden.

Verabschiedung:

Heinrich Rümmelein, ein strenger und ordnungsliebender Betriebsleiter, wurde als gerechter Chef geschätzt und respektiert. Nach seinem Motto „nur zufriedene Mitarbeiter erbringen gute Leistung“ war ihm das Wohlergehen seiner Untergebenen und deren Familien eine Herzensangelegenheit. Er ließ im Rahmen seiner Möglichkeiten moderne geräumige Wohnungen bauen, sorgte für gerechte Löhne und Deputate, achtete auf Arbeitssicherheit, Urlaub und im Krankheitsfall oder Schwangerschaft auf angepasste Tätigkeit oder Freistellung.

Als geachteter Lehrherr hat Heinrich Rümmelein viele landwirtschaftliche Lehrlinge und Praktikanten ausgebildet. Diese waren mit Kost und Wohnung in den Haushalt integriert.

Wer war Heinrich Rümmelein?

Geboren wurde er am 25. Juni 1903 in Burgwalden; nach der Schulausbildung und landwirtschaftlicher Ausbildung studierte er in Weihenstephan.

Nach einigen Praxisjahren auf landwirtschaftlichen Großbetrieben pachtete er einen Betrieb im Rotttal/Niederbayern. Bereits 1939 zum Wehrdienst eingezogen, diente er in Frankreich und an der Ostfront. Nach Ausheilung einer schweren Verwundung war er nicht mehr wehrtauglich und begann 1945 seine berufliche Laufbahn bei Fürst Thurn und Taxis auf dem Gutsbetrieb Schloss Haus.

Den wohlverdienten Ruhestand verlebte das Ehepaar Rümmelein in Amerang/Chiemgau. Heinrich Rümmelein starb im Jahr 1994.

Quellenverzeichnis:

Abschiedsfoto der Belegschaft. „Merkbuch für Landwirtschaftslehrlinge 1963/64“ von Eugen Eben. Daten aus „Voranschlägen für das Wirtschaftsjahr 1967/68“, Gutsbetrieb Haus

Nicht zu vergleichen?

Ferguson-Brown und Deutz-Stahlschlepper F2M315

von Michael Bach

Zugegeben: auch Kenner der Schlepper-Geschichte werden sich vielleicht fragen, wie man auf den Gedanken kommen kann, zwei so unterschiedliche Maschinen wie den legendären Urahnen der Ferguson-Traktoren, den Ferguson-Brown, und den ebenso legendären Deutz „Stahlschlepper“ F2M315 vergleichen zu wollen. Können Konzepte, nach denen Schlepper entstanden, weiter auseinander liegen als bei diesen beiden?

Etwas, was beide auf den ersten Blick verbindet, ist ihre moderne, damals wegweisende rahmenlose Blockbauweise – aber das scheint es dann auch schon zu sein.

Aber sehen wir weiter. Ihre Entstehungszeit fällt in die Zeit der schweren Weltwirtschaftskrise um 1929/30. In diesen extrem schwierigen Jahren gehen innovative Ingenieure und Facharbeiter auf den britischen Inseln und in Köln-Deutz von vollkommen verschiedenen Ideen und konstruktiven Ansätzen aus, und es entstehen, dies vorweg, zwei Meisterstücke der Schlepper-Geschichte.

Gleich zu Beginn: eine Hauptschwierigkeit, der sich der Chronist gegenübersieht, besteht darin, daß die Entwicklung des Ferguson nahezu bis ins kleinste Detail dokumentiert ist – über die des „Stahlschleppers“ hingegen wissen wir beinahe nichts! Weder die zeitgenössische noch die heutige, seriöse Literatur vermag hierzu Erkenntnisse zu liefern. Der F2M315 steht 1934 auf dem Stand der „1. Reichsnährstands-Ausstellung“ (das war das, was die Nazis aus der guten, alten DLG-Ausstellung gemacht hatten), als wäre er vom Himmel gefallen! Keine Entwicklungsschritte, keine Prototypen, keine Ankündigungen. Nur einmal taucht in der Fachpresse ein Name auf, der mit der Konstruktion in Zusammenhang gebracht werden kann. Dazu später mehr. (Man ist geneigt zu sagen: typisch Deutz, denn vor dem gleichen Problem stünde man auch bei anderen Produkten des Hauses, sei es bei der MTZ-Baureihe, sei es bei den FL514-Typen usw. – in Köln wird alles anonymisiert.)

Harry Ferguson (1884-1960), der mit 17 Jahren der Not in seiner irischen Heimat dadurch zu entgehen sucht, daß er, wie Zehntausende seiner Landsleute, in die USA auszuwandern beabsichtigt, hat das Glück, daß sein etwas älterer Bruder Joe ihn überredet, lieber in seine kleine Reparaturwerkstatt für so ziemlich alles Mechanische einzutreten und sich dort um die – zunächst noch wenigen – Automobile zu kümmern. Dies nun trifft nicht allein genau Harrys Interessenlage und Begabungen, sondern es verhilft ihm auch zu einer Ausbildung „von der Pike auf“ (oder auch vom Schmiedefeuer an). Sein überdurchschnittlich ausgeprägtes Talent für Motoren aller Art läßt ihn auch bald erfolgreich an motorsportlichen

B. Prüfung neuer Geräte 11

B. Prüfung neuer Geräte.

(Im Schuppen.)

Humboldt-Deutzmotoren Aktiengesellschaft, Köln.

11. **Ackerschlepper,** Bauart 2 M 315 (Abb. 12). DRGM. Neu ist: 1. die für Dieselmotorbetrieb erstmalig angewandte Blockkonstruktion, bei der das aus einer geschweißten Stahlkonstruktion bestehende Getriebegehäuse gleichzeitig den Fahrzeugrumpf bildet. Dieser Fahrzeugrumpf ist vollkommen bruchsicher; 2. die Spurveränderung der Vorder- und Hinterräder, die durch einfaches Umstecken der Räder bzw. Radnaben erfolgt und mit deren Anwendung man vorn 2 und hinten 8 verschiedene Spurweiten herstellen kann; 3. die

Abb. 12.

Verwendung eines Fünfganggetriebes, das eine Umstellung von Acker auf Straße auf eine denkbar einfache Weise dadurch ermöglicht, daß der für Acker blockierte 5. Gang für Straße freigemacht wird, nachdem die Räder ausgewechselt sind. Bei

„Reichsnährstands-Ausstellung“ 1934, Erfurt: der „Stahlschlepper“ wird vorgestellt

Der Visionär: Harry Ferguson, 1884-1960

Veranstaltungen teilnehmen, was wiederum der Werkstatt seines Bruders zu einem ausgezeichneten Ruf verhilft. Ganz nebenbei absolviert der fleißige Harry Ferguson noch ein Ingenieur-Studium in Belfast und wird so schnell ein bekannter und gesuchter Techniker. Er ist außerdem von Kind an eng mit der Landwirtschaft vertraut und kennt die damit verbundene, schwere körperliche Arbeit der Farmer.

Es kann also nicht verwundern, daß im Ersten Weltkrieg, angesichts der prekären Versorgung des Britischen Königreichs mit Nahrungsmitteln, das britische Landwirtschaftsministerium Fergusons Dienste beansprucht und ihn mit der Untersuchung des Einsatzes von Schleppern zur Verbesserung der Lage beauftragt.

Harry Ferguson stellt sich auch dieser Aufgabe ohne Zögern, aber er verfolgt dabei völlig andere Wege als alle anderen „Schlepper-Leute", die sich bereits mit derartigen Fragen befaßt haben – und auch als denen jener, die noch folgen werden. Seine Überlegungen gelten zunächst nicht dem Schlepper selbst, sondern seinem Arbeitsgerät: Fergusons erste, bahnbrechende Konstruktion ist ein Pflug, der wesentlich leichter und weniger primitiv ausfällt als alle anderen seiner Zeit.

Nicht genug damit. Auch die schweren und schwerfälligen Traktoren dieser Jahre, die zum guten Teil ihre Verwandtschaft mit den dampfangetriebenen Traction Engines nicht verleugnen können (und deren Hersteller dies auch nicht wollen) finden nicht seinen Beifall: Ferguson ist von Anfang an klar, daß es für den empfindlichen Boden nicht gut sein kann, wenn er, Arbeitsgang für Arbeitsgang, mehrfach von -zigtonnenschwerem Eisen überrollt wird. So stellt er sich auch den Schlepper leicht vor, ohne daß dessen Zugleistung zu wünschen übrig lassen soll. In Belfast beginnt er zunächst, den amerikanischen Waterloo Boy, einen Vorläufer der John Deere-Traktoren, zu verkaufen, der auf den Britischen Inseln als Overtime-Tractor bekannt werden soll.

Schon bald aber lenkt die farmtaugliche Version des legendären Ford-Automobils Modell „T", das in riesigen Stückzahlen die Fließbänder in Detroit verläßt, das Interesse des Iren auf sich. Das Fahrzeug hat den hübschen Namen EROS und ist eine sehr leichte und technisch bewußt einfach gehaltene Ableitung der „Thin Lizzy", die von den Farmern auch als Bausatz erworben werden kann. Für diesen EROS also entwickelt Harry Ferguson im Jahr 1917 seinen Zweischar-Anbau-Beetpflug, der vom Fahrersitz aus mit Hilfe einer Ausgleichsfeder abgesenkt und angehoben werden kann: die weltweit erste Kombination von Schlepper und Anbaugerät ist entstanden. Die Mechanik erlaubt auch das Einstellen beziehungsweise die Korrektur der Arbeitstiefe während des Pflügens. Das Gerät benötigt keine Stützräder; Ausgleichsfeder und Scherbolzen lassen ihn Hindernisse wie Steine, Wurzeln oder ähnliches überwinden, ohne daß etwas zu Bruch geht. Ein wirklicher Erfolg wird jedoch dadurch verhindert, daß sich, ebenfalls im Jahr 1917, eine Revolution auf dem Traktor-Sektor vollzieht: Henry Ford präsentiert seinen Fordson-Schlepper. Zunächst werden noch 6.000 (!) Exemplare aus Amerika importiert, aber die britische Labour-Regierung der Kriegsjahre unter Lloyd George sorgt dafür, daß die für den Sieg so eminent wichtige Maschine in der irischen Stadt Cork gebaut wird.

Harry Ferguson sieht den Fordson F zunächst durchaus kritisch: er erkennt sofort seine Nachteile wie zum Beispiel das lebensgefährliche, jähe Aufbäumen, wenn etwa der angehängte Pflug auf ein Hindernis stößt oder der Schlepper schwere Zugarbeit leisten muß unter anderem technische Schwachstellen, er erkennt aber auch die überragende Bedeu-

EROS: der Ford für den Farmer

Für den Farmer entwickelt Ferguson seinen Anbaupflug

tung des Neuen für die kriegswichtige Motorisierung der Landwirtschaft: für knapp 250 Pfund wird er verkauft, und Ferguson weiß, daß er mit seinem Anbaupflug für die EROS Conversion nicht mehr weit kommen wird.

Es dauert nicht lange, bis er sich mit dem legendären Charles Sorensen, Fords wichtigstem Mitarbeiter, zusammensetzt und ihn davon überzeugen kann, daß erst ein Anbau-Pflug nach dem Konstruktion-Prinzip seines EROS-Pfluges den Fordson zum wirklich vollwertigen Gerät bei der Mechanisierung der Farmen machen wird.

Nach Überwindung beträchtlicher wirtschaftlicher und technischer Probleme entwickelt Ferguson eine halbstarre Anbauvorrichtung für den Pflug am Fordson-Schlepper, bei der zwei Lenker, über- und parallel zueinander angeordnet, das Gerät zugleich auf Arbeitstiefe halten und sein Eigengewicht auf den Schlepper verlagern, wodurch dessen Zugkraft deutlich ansteigt: die Zweipunkt-Aufhängung, genannt „Duplex Hitch", ist entstanden. Der Verlauf der beim Pflügen auftretenden Kräfte erfolgt geradlinig in der Längsachse des Schleppers, hält dessen Vorderachse stabil auf dem Boden, die Arbeitstiefe konstant

Der Ferguson-Pflug, angebaut mit der Duplex Hitch, am Fordson F

und läßt es zu, den Pflug selbst leicht zu bauen. Ferguson läßt seine Erfindung patentieren und wird alsbald nach Detroit eingeladen, wo er sie Henry Ford selbst vorstellt.

Dieser zeigt sich äußerst interessiert, bietet Ferguson mehrfach einen guten Job an und will seine Patente erwerben. Doch dabei macht er die Rechnung ohne den, vorsichtig ausgedrückt, starrköpfigen Iren. Dieser erste Kontakt beider führt zu keinen weiteren Ergebnissen als dem, daß man einander großen Respekt zollt.

In der Folge bereitet Ferguson die Lösung einer wirklich zuverlässigen Einhaltung der Arbeitstiefe große Probleme, die sich scheinbar nur durch Einführung eines Stützrades lösen lassen, was er aber von Grund auf ablehnt, weil ein solches die Vorzüge seiner Pflug-Konstruktion in Sachen Gewichtverteilung und Kräfteverlauf weitgehend zunichte machen würde. Er findet zwar einen Produzenten für seinen Pflug in den USA, muß zunächst aber den Kompromiß eingehen, das Stützrad zuzulassen, um ein halbwegs befriedigendes Arbeitsergebnis zu erzielen, bis sein Techniker und – wenn es denn ihre irischen Temperamente gerade mal zulassen – auch enger Freund Willie Sands das Problem dadurch löst, daß er eine schlittenartige Vorrichtung für das Ende des Pflugrahmens erfindet, die an der Furchensohle läuft, mit der Duplex Hitch verbunden ist und die bei der Arbeit auftretenden Höhenveränderungen der Schlepper-Räder, die für eine ungleichmäßige Arbeitstiefe verantwortlich sind, automatisch ausgleicht. Bald nach der brillanten Lösung, die als „draft control" in die Geschichte der Agrartechnik eingehen wird und auf die Ferguson im Juni 1926 ein Patent erhält, das auch für die USA gilt, macht das amerikanische Unternehmen jedoch Bankrott. Für Harry Ferguson entsteht die völlig neue Situation, daß er künftige industrielle Fertigungen selbst realisieren muß.

Bei der Entwicklung der „draft control" geht es naturgemäß nicht ohne Um- und Irrwege ab. Man experimentiert mit Elektromotoren, Riemenscheibe und Treibriemen und ähnlichem, schließlich erfolgt der Einbau einer Hydraulik, womit das System endlich kurz vor den Punkt der Vollkommenheit gelangt. Die Hydraulik reguliert die Arbeitstiefe durch eine automatisch eintretende Reaktion auf den Zugwiderstand.

Als 1928 auch die Produktion des Fordson-Traktors in Amerika endgültig eingestellt wird und nur noch in Cork stattfindet, gibt es für Ferguson keinen Grund mehr, länger in den USA zu bleiben, und er kehrt in seine Heimat zurück. Hier wird die Duplex Hitch um einen Lenker erweitert zur ersten Dreipunkt-Aufhängung in der Geschichte der Landtechnik, mit zwei unteren und einem oberen Lenker. Die Unterlenker heben und senken das Anbaugerät, der Oberlenker reguliert die Arbeitstiefe.

Erweitert zur Dreipunkt-Aufhängung

Die Hydraulik arbeitet auf denkbar einfache Weise: eine im Getriebegehäuse eingebaute Taumelscheiben-Pumpe drückt mit ihren neun Kolben Öl in den Hydraulik-Zylinder. Der Kolben im Hydraulik-Zylinder leitet die Kraft über einen Stößel und einen Umlenkhebel auf die Hubwelle, die ihrerseits über zwei weitere Hebel und zwei Hubstreben mit den Unterlenkern verbunden ist, die das Gerät anheben. Soll es hingegen abgesenkt werden, öffnet sich ein Ventil, und unter dem Eigengewicht des Pfluges wird das Öl von dem Kolben in das Getriebe zurück gedrückt, die Lenker bewegen sich abwärts. Die vielen notwendigen Versuche werden mit einem Fordson F durchgeführt, und schließlich wird die Taumelscheiben-Pumpe durch eine Vierzylinder-Kolbenpumpe ersetzt. Ein weiteres Problem, das gelöst werden muß, ist die starke Erwärmung des Öls.

Im Jahr 1928 erhält Ferguson das Patent für seine hydraulische Dreipunkt-Aufhängung, die in der Folgezeit zwar zielstrebig weiterentwickelt und vervollkommnet und die, wenn auch Jahrzehnte später, von allen Schlepper-Herstellern weltweit übernommen wird, die im Prinzip jedoch bis heute unverändert bleibt und die die Landtechnik revolutioniert.

Gegen Ende der zwanziger Jahre erreichen die wirtschaftlichen Probleme, die 1929/30 in der Weltwirtschaftskrise gipfeln werden, auch die USA, Großbritannien und natürlich auch Irland, das (unter Abtrennung Nordirlands) zwar seit 1922 den Status eines Freistaats besitzt, das jedoch nach wie vor zum Britischen Reich, dem späteren Commonwealth, gehört.

Die Frage, wo und von wem das Ferguson-System produziert werden soll, ist nach wie vor unbeantwortet. Es gibt wohl Interessenten, darunter durchaus renommierte Schlepper-Hersteller wie Allis Chalmers in den USA, Rushton in England oder auch die Rover Car Company, aber Ferguson ist skeptisch geworden und beschließt, die Dinge endgültig in die eigene Hand zu nehmen und den Ferguson Tractor selbst zu bauen.

Mittlerweile schreibt man das Jahr 1932. Fergusons Ziel ist ein Schlepper, der sehr leicht, sehr leistungsfähig, sehr billig und vor allem: für jede Farm, gleich welcher Größe, geeignet ist.

Ein neuer Konstrukteur, der später noch eine bedeutende Rolle spielen wird, ist John Chambers. Zusammen mit dem langjährigen Mitarbeiter Archie Greer entwirft er den Ferguson Tractor am Zeichenbrett, und es werden Komponenten für den Bau eines

1932: der Black Tractor ist fertig

Der Prototyp in der späteren Produktionshalle in Coventry, etwa 1950

Prototyps gekauft, in einer Belfaster Werkstatt wird er montiert. Der Motor ist ein seitengesteuertes Vierzylinder-Vergaseraggregat des amerikanischen Herstellers Hercules aus Canton (Ohio), gegründet 1915 und zeitweilig weltweit größter Hersteller von Verbrennungsmotoren. Die Leistung beträgt 18 B.H.P (Brake Horse Power), der Motor ist für den Betrieb mit Benzin oder Petroleum ausgelegt, allerdings ist die Vorwärmung des Vergasers durch den Krümmer eher mäßig, was den Petroleum-Betrieb erschwert. Angelassen wird grundsätzlich mit Benzin. Der Vergaser trägt die Bezeichnung Hercano, die Magnetzündung stammt von der American Bosch Magneto Corporation. Hersteller von Getriebe, Hinterachsantrieb und Lenkung ist die Getriebefabrik David Brown in Huddersfield im nordenglischenYorkshire. Diese letzteren Baugruppen bilden dann auch die Grundlage für die spätere Serienproduktion in der dafür neu gegründeten David Brown Tractors Ltd.

Im Design orientiert sich der in einer tiefglänzenden, schwarzen Lackierung ausgeführte Ferguson deutlich am Fordson F, in seinen Abmessungen ist er, vor allem in der Höhe und im Gewicht, jedoch deutlich reduziert. Bekannt und berühmt wird er als „Black Tractor", der nun schon seit Jahrzehnten im Londoner Science Museum bewundert werden kann. In rahmenloser Blockbauweise gehalten, sind Motor,

Kupplungsglocke, Getriebegehäuse und Hinterachse aneinander geflanscht, eine trockene Einscheiben-Kupplung überträgt die Motorkraft auf das Getriebe mit drei Vorwärtsgängen und einem Rückwärtsgang. Der Antrieb der Hinterachse erfolgt über ein schrägverzahntes Kegelrad. Schon der „Black Tractor" verfügt über Einzelrad-Lenkbremsen, jedoch fehlt eine Zapfwelle, die bei dieser Lkw-ähnlichen Ausführung des Hinterachsantriebes nicht ohne beträchtlichen konstruktiven Mehraufwand zu verwirklichen ist.

Wesentliche Teile der Baugruppen, die Gehäuse von Getriebe, Hinterachsantrieb und Lenkgetriebe, werden in Aluminium-Guß gefertigt, wodurch das Eigengewicht des Schleppers nur 812 kg beträgt: das entspricht ziemlich genau der Vorderachslast des Deutz! Die Traktion ist ja dank des Anbausystems nicht mehr allein vom Schleppergewicht abhängig, günstiger Schwerpunkt und vernünftig dimensionierter Radstand tun ein übriges dazu, daß in dieser Hinsicht kein Wunsch offen bleibt. Allerdings bedeutet das Ferguson-System auch, daß man den Schlepper ausschließlich mit den eigens dafür entwickelten Anbaugeräten einsetzen kann.

Der Öldruck innerhalb der Hydraulik wird, wie bereits gesagt, nun durch eine Kolbenpumpe erzeugt. Ein schwerwiegender Nachteil des Ganzen ist aber, daß der Pumpenantrieb über die Ausgangswelle des Getriebes und dementsprechend nur bei fahrendem Schlepper arbeitet: es ist also nicht möglich, die Hydraulik bei stehendem Fahrzeug zu betätigen! Der „Black Tractor" steht und fährt 1933 auf seinen vier mit Greiferzacken bewehrten Eisenrädern, die denen des Fordson entsprechen, als die Feld-Vorführungen mit Anbaugeräten (Pflug, Grubber, Häufel- und Hack-Gerät) beginnen. Etliche Kinderkrankheiten des Systems können erfolgreich eliminiert werden.

Harry Fergusons Traum, seinen Schlepper in der nordirischen Heimat produzieren und damit einen Beitrag zur Linderung der dort herrschenden wirtschaftlichen Not leisten zu können, erfüllt sich jedoch nicht. So kommt es zu einem Abkommen zwischen ihm und David Brown über eine Serienproduktion in dessen Park Works in Huddersfield in Yorkshire, mitten im klassischen englischen Industrierevier der Midlands, die im Frühjahr 1936 endlich anläuft – drei volle Jahre nach der öffentlichen Vorstellung des einzigen Prototyps! Ferguson behält sich die Weiterentwicklung und, heute würde man sagen: das Marketing vor. Brown ist für die industrielle Produktion verantwortlich.

1936: Die Serienfertigung des Ferguson-Brown läuft an

Harry's pride: am Type A prangt sein Name am Kühler

Der Schlepper erhält die Bezeichnung „Type A", bekannter wird er jedoch unter dem Namen „Ferguson-Brown", aber der obere Teil der Kühlermaske trägt, wie schon beim „Black Tractor", den eingegossenen Schriftzug Ferguson. Lackiert wird er in dem berühmten „Battle Ship Grey", einem mittelgrauen Farbton, der bis in die fünfziger Jahre oder genauer gesagt: bis zur Fusion mit Massey Harris, einen Ferguson-Traktor auf Anhieb als solchen erkennen läßt.

Der Serien-Typ ähnelt dem „Black Tractor" weitgehend. Die ersten 550 Exemplare besitzen einen Vierzylinder Petrol/TVO-Motor von Coventry Climax (höchstwahrscheinlich eine Lizenz-Übernahme des Hercules-Aggregats), der bei 1.500 U/min 20 B.H.P. leistet. (Eine kuriose Ungenauigkeit sei am Rande vermerkt: die englische Literatur gibt für die Nenndrehzahl eine Spanne von 1.400 bis 2.000 U/min an – beides scheint möglich, aber welche stimmt?) Danach übernimmt David Brown die Fertigung dieses Motors, verbunden mit einigen kleinen Änderungen (größere Ölwanne, verbesserte Öl- und Luftfilter), mit dem bis zur Einstellung der Produktion im Jahr 1939 noch einmal 800 Einheiten ausgerüstet werden. Er hat Druck-Umlaufschmierung. Naturgemäß gibt es noch immer Kinderkrankheiten, die oft genug gegen den Widerstand Harry Fergusons beseitigt werden müssen: es werden im Lauf der Serienproduktion andere Vergaser und ein anderer Krümmer eingeführt, wodurch sich die Kraftstoff-Vorwärmung deutlich verbessert, einige Bauteile aus Alumium-Guß zeigen Schwachstellen, die nur durch Einsatz von Gußstahl zu beheben sind, wodurch sich aber das Schleppergewicht erhöht – eine Maßnahme, die auf Fergusons entschiedene Ablehnung stößt. In eine Versuchsmaschine wird erstmals auch eine Zapfwelle eingebaut, die aber nicht in die Serie übernommen wird. Und noch immer ist die Betätigung der Hydraulik nur bei fahrendem Schlepper möglich, Wasserpumpe und elektrischer Anlasser sind nicht vorhanden. Der Motor muß von Hand angekurbelt werden, die Magnet-Zündung stammt von der British Thompson Company. Der Fahrer wird durch Muschelkotflügel vor den dachförmigen Greifern der Antriebsräder geschützt.

Im Lauf der Produktionszeit gibt es auch Luft-Bereifung und Kotflügel (mud guards)

28 Pfund für jedes Anbau-Gerät: hier der Grubber

Deutlich: die Lenker der Dreipunkt-Hydraulik

Ferguson A mit Mähbinder – aber ohne Zapfwellenantrieb

Beim Dreschen mit der Marshall threshing machine

1939: das legendäre Hand Shake Agreement zwischen Harry Ferguson und Henry Ford führt zum Ende der Produktion bei David Brown und zum neuen Ford-Ferguson 9 N

Das erste regulär verkaufte Exemplar (nach den Vorführ-Modellen) hat die Fahrzeug-Nummer 12, Käufer ist der Vater von John Chambers, ein weiterer früher Abnehmer ist der britische Premierminister Lloyd George, der den Schlepper für die Bewirtschaftung seines Landsitzes erwirbt. Der Ferguson Brown wird für 224 Pfund verkauft, jedes der speziellen Anbaugeräte, mit denen er erst eine vollwertige Landmaschine wird, schlägt noch einmal mit 28 Pfund zu Buch – ein Fordson der aktuellen Baureihe „N" kostet lediglich 140 Pfund! Die Fertigungsgüte in der Fabrik von David Brown und unter dessen Verantwortung ist mit Anlauf der Serie auf höchstem Niveau: jeder Motor wird vor dem Einbau auf seine Leistung geprüft, der Rostvorsorge gilt große Aufmerksamkeit. Der von Ferguson verantwortete Bereich Verkauf und Kundendienst steht dem nicht nach: es gibt Schulungsprogramme für Farmer, Schlepperfahrer und Händler – das alles kann nicht verhindern, daß der Absatz hinter den Erwartungen zurückbleibt, was in erster Linie eine Frage des Preises ist.

Bald schon wird der Ruf nach stärkerer Motorisierung laut und trifft bei David Brown auf offene Ohren, ganz im Gegensatz zu Fergusons Überzeugungen. Brown will einen stärkeren Schlepper mit dem Ferguson-System bauen. Beide werden ihre Ansichten nicht mehr in Übereinstimmung bringen können: Harry Ferguson verweigert seinem bisherigen Partner die Anwendung seiner Patente. Er sucht vielmehr erneut den Weg zu Henry Ford, indem er 1938 mit drei Exemplaren des Schleppers in die USA reist. Ford seinerseits hatte stets sein starkes Interesse am Bau von Traktoren beibehalten, er ist schnell vom Ferguson-Modell überzeugt, und es kommt zu dem berühmten Handshake Agreement zwischen ihm und Ferguson, mit dem die Fertigung eines völlig neuen Schleppers, des Ford-Ferguson 9 N, beschlossen wird, der die Traktoren-Geschichte entscheidend weiter voranbringt. Dies aber ist eine andere Geschichte, ebenso wie die der ersten eigenen Schlepper-Typen von David Brown, die im gleichen Jahr, 1939, auf der Bildfläche erscheinen. Und auch die kommenden „Little Grey Fergies" der späten vierziger und frühen fünfziger Jahre, die TE-Baureihe, die zu einer eigenen Legende werden sollen, können und sollen hier nicht behandelt werden.

Es bleibt festzuhalten: die Ferguson-Brown sind die weltweit ersten Ackerschlepper mit Dreipunkt-Regelhydraulik für den Geräte-Anbau. Fergusons geniale Konstruktions-Idee hat die Entwicklung der Agrartechnik weltweit bis in die Gegenwart geprägt wie kaum eine andere Erfindung auf diesem Sektor.

Kommen wir auf die Einleitung zu dieser Geschichte zurück. Leider werden wohl die Details der Entstehung des Deutz „Stahlschleppers" weiterhin im Dunkel der Technik-Geschichte verborgen bleiben. Die wenigen Hinweise sind so vage, daß man sich im Grunde scheut, sie aufzugreifen.

Fest steht, daß der F2M315 einen völligen Bruch mit der bisherigen Tradition des Unternehmens im Schlepperbau darstellt, die im Jahr 1924 mit dem Typ MTH 122 beginnt (der, bis auf den Dieselmotor, eigentlich ein Nachbau des Lanz Bulldogs HL ist) und die sich mit der MTZ-Typenreihe fortsetzt, wobei der zuletzt gekommene MTZ 320, der Stärkste und Schwerste der Baureihe (1932-34), sich noch um mindestens zwei Jahre mit der völlig neuen Generation der „Stahlschlepper" überschneidet. Hatte man bei den MTH- und MTZ-Traktoren noch auf Dieselmotoren liegender Bauart, eigentlich Stationärmotoren aus der laufenden, aktuellen Produktion zurükkgegriffen (Deutz verstand sich stets in erster Linie als Motorenfabrik), die auf stabile Rahmenfahrgestelle gesetzt und mit Antriebs-Aggregaten verbunden wurden (eine Duplex-Rollenkette übertrug die Motorkraft auf das Getriebe), so folgt der F2M315 der modernen, große Serien und damit preiswerte Herstellung zulassenden rahmenlosen Blockbauweise, mit der (wir haben soeben im Ferguson-Zusammenhang davon gesprochen) im Jahr 1917 der Fordson Schlepper-Geschichte geschrieben hatte. Hierin, in dieser Grundkonzeption, haben wir, neben der mutmaßlich nahezu identischen Entstehungszeit um 1930/31, eine der wenigen Übereinstimmungen, die den Ferguson und den Deutz F2M315 gleichermaßen kennzeichnen.

Allerdings muß hier auch die Feststellung stehen, daß im selben Maß, wie es bei Ferguson um die Entwicklung einer universell, auf allen Höfen einsetzbaren Landmaschine geht, bei Deutz (wie bei sämtlichen anderen Schlepper-Herstellern jener Zeit, gleich ob in England, auf dem europäischen Kontinent oder in den USA) eine gänzlich andere Aufgabenstellung vorliegt: es soll eine relativ schwere Zugmaschine mit hoher Motorleistung und -reserve,

Deutz MTZ 320: bis 1936 parallel zum „Stahlschlepper" gebaut

großer Zugleistung und einem modernen, robusten , schnellaufenden und wirtschaftlichen Dieselmotor entstehen. Diese Zugmaschine soll ein für alle Wirtschaftszweige passendes Fahrzeug sein, also neben der Landwirtschaft auch für die Aufgaben im Straßentransport, wie sie von Speditionen, Baugewerbe und Kohlenhändlern, von Industriebetrieben und Schaustellern gestellt werden, in Frage kommen. Dieses Lastenheft ist in keiner Weise mit jenem zu vergleichen, das Harry Ferguson abarbeitet. Es soll auch nicht verschwiegen werden, daß dieser, wenn man den vielen Äußerungen der Menschen, die lebhafte Erinnerungen an ihn bewahren trauen darf, Zeit seines Lebens eine beinahe physische Abneigung gegen den Dieselmotor hegt! Und Tatsache ist schließlich auch, daß nirgendwo in der traktorbauenden Welt in jener Zeit ein Ansatz existiert, der mit dem Fergusons vergleichbar wäre.

Bei Deutz gibt es, mindestens seit 1929, neben liegenden auch Klein-Diesel stehender Bauart: die Baureihe PM (Zweitakter, Ein- bis Vierzylinder, 122-250 mm Hub). Prospekte aus dem Jahr 1929 stellen aber eine weitere Baureihe stehender, schnellaufender Viertakt- Dieselmotoren vor. Sie werden als „Leichtgewicht-Diesel“ bezeichnet. In der neuen „Bauart FM“ gibt es Zwei-, Vier- und Sechszylinder-Aggregate der Baureihen FM 117, die unter anderem in Krane und Bagger, Schiffe, Straßenwalzen sowie in Lastwagen eingebaut werden – von Schleppern ist nicht die Rede. Bald tritt die Baureihe 313 hinzu (ebenfalls Ein- bis Sechszylinder; nur die Einzylinder- und Zweizylinder werden ab etwa 1934 als Schleppermotoren an andere Hersteller verkauft – in eigenen Schleppern finden sie hingegen keine Verwendung). Hier ein Wort zu der (im allgemeinen gültigen) Deutz-typischen Codierung: das „F“ steht für Fahrzeugmotor, das „M“ für Mantel-, also Wasserkühlung (entsprechend steht ein „A“ für einen Aggregate-, also für einen Stationär- oder Einbaumotor), die erste Ziffer für die Baureihe und die beiden letzten für den Hub in cm. Jedoch bleibt keine Regel ohne Ausnahme: die hier genannten Motoren heißen auch dann „FM“, wenn sie nicht zum Einbau in Straßenfahrzeuge vorgesehen sind!

1930 kommen Aggregate mit 150 mm Hub hinzu: die Baureihen FMZ (Zwei-) und FMV (Vierzylinder) 115: der Zweizylinder leistet lt. Prospekt bei 1150 U/min 15 PS, „vorübergehend bis zu 10 % überlastbar“. Noch im gleichen Jahr wird die Baureihe 115 durch die 215er-Modelle ersetzt. Für den F2M215

Ab 1929: neue Motoren bei Deutz – schnellaufende „Leichtgewicht-Diesel Bauart FM“ in stehender Bauweise, hier der Zweizylinder – aber nicht der Schleppermotor F2M315

lauten die Angaben 13 PS bei 1000 U/min, überlastbar wie beim Vorgänger. Noch immer ist – zumindest in diesen Firmenschriften – kein rahmenloser Schlepper in Sicht, und diese Motoren sind auch noch nicht mit der für den „Stahlschlepper“ so charakteristischen Einspritzpumpe eigener Bauart mit Dekompressionshebel am Deckel ausgestattet.

Wann nun endlich der Motor F2M 315 herauskommt, bleibt weiterhin ungeklärt. Es gibt ihn, soweit bis heute bekannt, ausschließlich als Zweizylinder, und er wird von Deutz auch nicht an andere Hersteller verkauft: der F2M315 wird ausschließlich in diesen ersten „Stahlschlepper“ eingebaut. Allerdings sind die Motoren FMZ/FMV 115 und die nachfolgende Baureihe 215 grundsätzlich anders aufgebaut als der spätere Schleppermotor F2M315 – um eine „Motorenfamilie“ handelt es sich nicht wirklich: haben die 115er und 215er getrennte Ölwannen und Kurbelgehäuse aus Aluminium, Zylinderblöcke und -köpfe aus Grauguß und einen abnehmbaren Zylinderkopfdeckel, so zeichnet sich der Motor F2M315 durch einen einzigen Graugußblock von der Ölwanne bis zum Zylinderkopf aus! Umso rätselhafter ist die Bezeichnung! Denn die Aggregate sind offenkundig technisch nicht verwandt, andererseits aber hat Deutz eine Motorenbaureihe nie mit der Nummer 3 begon-

Die ersten „Stahlschlepper" haben noch die geteilte Kühlermaske der MTZ-Baureihe

nen! (Gleiches gilt übrigens auch für die Motoren F2M und F3M317 beziehungsweise 417 in den späteren 30, 35 und 50 PS „Stahlschleppern").

Vom 29. Mai bis zum 3. Juni 1934 findet in Erfurt die „1. Reichsnährstandsausstellung" statt. Der Katalog verzeichnet unter der Rubrik „Verzeichnis der ausgestellten Gegenstände: B. Prüfung neuer Geräte (im Schuppen)" den Aussteller „Humboldt-Deutzmotoren AG, Köln" mit einem „Ackerschlepper, Bauart F2M315. DRGM. Neu ist: 1. die für den Dieselmotorbetrieb erstmalig angewandte Blockkonstruktion, bei der das aus einer geschweißten Stahlkonstruktion bestehende Getriebegehäuse gleichzeitig den Fahrzeugrumpf bildet. Dieser Fahrzeugrumpf ist vollkommen bruchsicher; 2. die Spurveränderung der Vorder- und Hinterräder, die durch einfaches Umstecken der Räder bzw. Radnaben erfolgt und mit deren Anwendung man vorn 2 und hinten 8 verschiedene Spurweiten herstellen kann; 3. die Verwendung eines Fünfganggetriebes, das eine Umstellung von Acker auf Straße auf eine denkbar einfache Weise dadurch ermöglicht wird, daß der für Acker blockierte 5. Gang für Straße freigemacht wird, nachdem die Räder ausgewechselt sind. Bei Verwendung der Continental-Sonderbereifung für Ackerbetrieb ist außer dieser kleinen Änderung überhaupt keine Umstellung mehr nötig. Die Räder lassen sich leicht ohne Abnehmen der Naben auswechseln. Der Universalschlepper erhält eine gefederte Vorderachse, und es wird eine Hinterradbremse mitgeliefert, die bei Ackerbetrieb nicht entfernt zu werden braucht. Als Zugvorrichtung dient auch auf der Straße die gut abgefederte Ackerzugvorrichtung; 4. der beim Ackerschlepper stets zugehörige Zapfwellenantrieb, der beim Universalschlepper (auch Straßen) nicht hinderlich ist; 5. die besonders gute Filterung der Luft durch ein hochliegendes Schleuderfilter und ein Ölluftfilter, deren gutes Funktionieren durch Zwischenschalten eines größeren Luftraumes noch unterstützt wird; 6. die automobilmäßige Lenkung und Kugelschaltung für das Getriebe; 7. die feststellbare Toureneinstellung zum Fahren mit konstanter Geschwindigkeit während des Pflügens, die beim Wenden schnell durch Fußbetätigung ausgeklinkt werden kann; 8. die beim Ackerschlepper seitlich und in der Höhe verstellbare, gefederte Anhängevorrichtung; 9. der leichte Ausbau der Schubstangen und Kolben durch eine große seitliche Öffnung im Motorkurbelgehäuse. Ein Abnehmen der Zylinderköpfe erübrigt sich dabei, so daß ein Zerreißen der Zylinderkopfpackungen nicht eintreten kann; 10. die Lagerung der Kurbelwelle in Rollenlagern, die ein leichtes Anwerfen und Durchdrehen des Motors ermöglicht. Motor-Leistung 25/28 PS, Pflugleistung 0,7-0,9 Morgen je Stunde bei 25-30 cm Tiefe, Gewicht 2300 kg, Preis 4950 RM".

So also die Beschreibung einer der wichtigsten neuen Schlepper-Konstruktionen. Noch im Mai (H. 5/1934) folgt auch eine ausführliche Vorstellung des „Stahlschleppers" in der maßgeblichen Fachzeitschrift für Landtechnik jener Jahre, der „Technik in der Landwirtschaft" (TidL), und hier ergreift der Oberingenieur Otto Rothardt (VDI) aus Köln-Deutz das Wort: es ist demnach davon auszugehen, daß er der Leiter der Entwicklung dieses epochemachenden Schleppers ist. Nach wie vor kein Wort, kein Hinweis auf die Geschichte dieser Entwicklung, auf Versuche, Prototypen oder auch nur auf den Beginn der Serienproduktion.

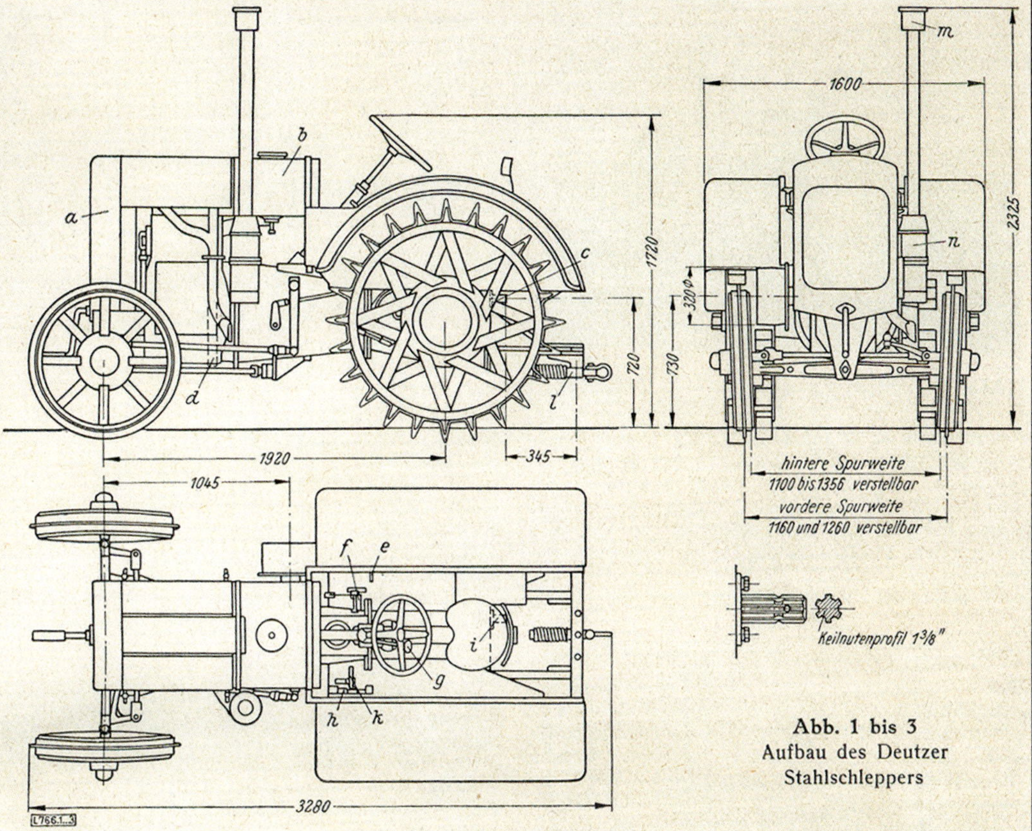

Abb. 1 bis 3
Aufbau des Deutzer Stahlschleppers

a Kühler; *b* Brennstoffbehälter; *c* Zapfwelle; *d* Auspuff beim Dreschbetrieb; *e* Einrückhebel für Riemenscheibe und Zapfwelle; *f* Drehzahlverstellung; *g* Handhebel für Gangschaltung; *h* Handhebel für Getriebebremse; *k* Kupplungspedal; *l* Anhängevorrichtung; *m* Trockenschleuderfilter für Luft; *n* Ölfeinfilter

Georg Wülfls F2M315 – eine Dreigangmaschine, die Eisen-Räder sind komplett vorhanden

Gingen bisher alle wichtigen Veröffentlichungen unserer Tage über Deutz-Schlepper davon aus, daß dieses Jahr 1934 dasjenige der ersten Präsentation des „Stahlschleppers“ war, so verdichten sich in letzter Zeit Hinweise darauf, daß einige (vielleicht Vorserien-Maschinen) bereits ein Jahr zuvor auf ihren Rädern rollten. Auf eine interessante Information soll hier kurz eingegangen werden: in der Hand eines Sammlers befindet sich der F2M315 mit der Fahrgestell-Nr. 18966, Motor-Nr. 440392/93 und der Leistungsangabe 25/28 PS auf dem Typenschild, sein Eigengewicht ist mit 2.400 kg angegeben. Dieser Schlepper wird im Spätherbst 1933 von einer Dreschgemeinschaft im schwäbischen Teil Bayerns erworben, der Kaufvertrag wird im November dieses Jahres abgeschlossen. Leider ist er nicht zusammen mit dem Fahrzeug in die Hände des heutigen Besitzers gelangt. Allerdings paßt diese Angabe nicht zu der relativ hohen Fahrgestell-Nummer dieses Fahrzeugs. Nun – wenn eine Deutz-Vertretung oder eine Werksniederlassung einen „Stahlschlepper“ verkaufte, dann mußte sie wohl etwas „zum Anfassen“ vorweisen können! Diese Politik, Vorserien-Exemplare durch Praktiker im täglichen Einsatz weiter zu erproben, war bei Deutz offenbar üblich und unter anderem bei dem Versuchsmuster des 1942 vorgestellten Holzgas-Schleppers nachweisbar. Dieser Schlepper besitzt keine Zapfwelle und Differentialsperre, hat aber Riemenscheibe und gefedertes Zugpendel und ist mit Eisenrädern ausgerüstet.

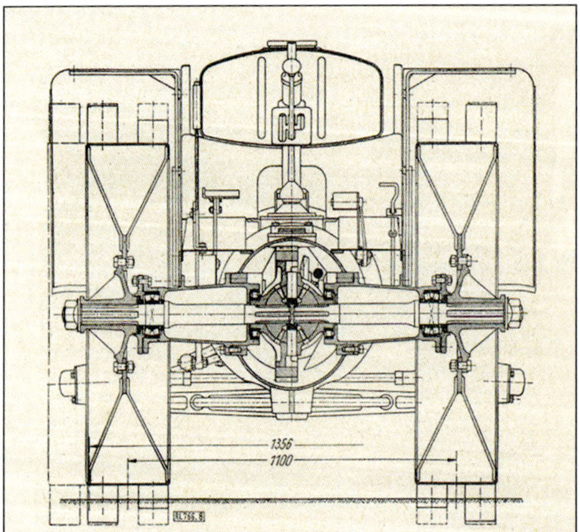

Abb. 8. Schnitt durch die Triebachsen und Hinterräder

Die Schaltkulisse des frühen F2M315 läßt es erkennen: 4 V/1R im Getriebe

Auf Abbildungen sehr früher oder eben von Vorserien-Ausführungen des F2M315 fallen im Vergleich mit solchen späterer Baujahre einige äußere Merkmale auf: so zum Beispiel eine Kühlermaske, die geteilt ist (ähnlich der der MTZ-Modelle, nur nicht so spitzdachartig), der große, gußeiserne Tankdeckel mit einem Knebel-Verschluß (der gleiche Deckel, wie er auch unten am Motor zu finden ist, um Zugang zu den Kolben zu ermöglichen), der Luftfilter (Trockenschleuderfilter mit nachgeschaltetem Ölfeinfilter und sehr langem Luftansaugrohr). Ein Prospekt des F2M315, den wir hier im Nachdruck wiedergeben, ist folgendermaßen datiert: 100134.

Sehen wir uns also näher an, was Ingenieur Rothardt in seinem Fachartikel über den neuen Deutz-Schlepper aussagt. Schon die Einleitung zeigt, daß man auch bei Deutz den Schlepper- Einsatz primär von der landwirtschaftlichen Seite aus sieht: „Höchstausnutzung seines Bodens und wirtschaftlichste Form der Betriebsführung zwingen heute mehr denn je Bauer und Landwirt, an seine Zugmaschine hinsichtlich ihrer Wirtschaftlichkeit, Zweckform und Verwendungsmöglichkeit weitestgehende Anforderungen zu stellen. Damit ist für den Konstrukteur das Ziel seiner Aufgabe fest umrissen. Er muß sich nicht nur die neuesten Erkenntnisse im Bau hochwertiger Verbrennungsmotoren ... zunutze machen und aus der vielseitigen Gliederung des Getriebebaues die für die Eigenart des Schlepperbetriebes günstigste Form gestalten, der Konstrukteur hat vor allem bei der Durchbildung des Fahrgestelles den Erfordernissen eines neuzeitlich geführten landwirtschaftlichen Betriebes ... gerecht zu werden. Der Schlepper darf nicht nur als Spitzenmaschine während der Ernte dienen. Hohe Betriebsstundenzahl ist anzustreben durch vielseitige Verwendbarkeit im Antrieb stationärer Maschinen und leichte Umsetzbarkeit von Acker auf Straße ... . Diese Erwägungen bildeten die grundsätzlichen Richtlinien für die konstruktive Durchbildung des neuen 25/28 PS-Diesel-Stahlschleppers der Humboldt-Deutzmotoren A.G. ... Diese Maschine dürfte berufen sein, die fühlbare Lücke auf dem Markt für Dieselschlepper obigen Leistungsbereiches auszufüllen."

„Berufungen" gibt es in diesen Jahren bekanntlich so einige, auch vor Traktoren machen sie augenscheinlich nicht halt. Aber wir finden hier bestätigt, daß bei der Konstruktion des Deutz zwar in hohem Maß an einen Ackerschlepper gedacht wird, aber eben nicht ausschließlich an einen solchen, wie es beim Ferguson der Fall ist.

In der sich anschließenden, gegenüber den Angaben im Ausstellungskatalog wesentlich detaillierteren Beschreibung schreibt Otto Rothardt weiter: „Motor und Getriebe bilden als geschlossene Einheit den eigentlichen Fahrzeugrumpf. Nachdem durch Ausführung des Getriebeblockes in bruchsicherer Stahlkonstruktion die bei den bisherigen Blockbauarten mit gußeisernen Gehäusen auftretenden Bedenken beseitigt wurden, konnten die Vorteile der rahmenlosen Bauart voll zur Anwendung kommen." Dieser Satz erklärt den zwar Namen „Stahlschlepper", der auf eben dieses Getriebegehäuse zurückzuführen ist. Die Begründung für diese Ausführung überzeugt hingegen in keiner Weise, obwohl sie von nahezu allen Autoren bis auf den heutigen Tag wiederholt wird: Deutz ist ja nun wirklich nicht der erste Hersteller, der die Blockbauweise einführt, sondern im Gegenteil einer der letzten, und von Brüchen der Getriebegehäuse aus Guß ist weder beim Fordson noch beim Komnick, weder beim Hanomag WD beziehungsweise beim RD 32 noch beim Bulldog oder beim MWM 130 jemals die Rede gewesen! Warum auch sollte das Getriebegehäuse bruchanfälliger sein als das des Motors? Wenn es eine latent bruchgefährdete Stelle bei der Blockbauweise gibt, dann ist es die, wo Motor und Getriebe zusammengeflanscht sind. Zugegeben: es gibt eine Gewichtsersparnis bei diesem geschweißten Stahlgehäuse. Den wirklichen Grund vermutet der Deutz-Spezialist Michael Bruse in einer Fehleinschätzung der Kaufleute und Ingenieure: man rechnet nicht mit einem derart durchschlagenden Erfolg des neuen Schleppers, der in seiner gesamten Bauperiode von 1933/34 bis 1942 eine Produktionszahl von 11.888 Exemplaren erreichen wird, und man wählt deshalb die kostengünstigere Lösung und bleibt schließlich bei ihr, bis der große F3M417, der von 1942-52 gebaut wird, dann doch ein gegossenes Getriebegehäuse erhält. Dessen ungeachtet wird auch dieser letzte „Wasserdeutz" heute zur Familie der „Stahlschlepper" gezählt – dies nur zur Abrundung.

Rothardt führt dann weiter aus: „Zur Erzielung hoher Steifigkeit wurde bewußt der kurz gebaute Zweizylinder-Dieselmotor der neuesten Deutzer Bauart F2M315 gewählt ... Er ist schwungradseitig fest mit dem Getriebegehäuse verschraubt und trägt am vorderen Ende den Lagerbock zur Abstützung der Vorderachse. ... Die rechtsseitig angeordnete, hoch über Mitte Kurbelwelle liegende Riemenscheibe gestattet unbehinderten Riementrieb frei über die Vorderachse hinweg. ... Außer der Riemenscheibe ist die Zapfwelle bei jedem Ackerschlepper vorhanden. ... Dem Ölfeinfilter ist ein Trockenschleuderfilter in einer Höhe vorgeschaltet, welche auch bei größter Staubentwicklung noch oberhalb der eigentlichen Staubzone liegt.

Im Schlepperbetriebe ist jede Vielteiligkeit empfindlicher Organe zu vermeiden; beste Zugänglichkeit und rasche Ausbaumöglichkeit lebenswichtiger Teile sowie einfachste Bedienungsmöglichkeit müssen Grundbedingung jeder Konstruktion sein. (Anmerkung des Verfassers: mit beinahe im Wortlaut gleichen Äußerungen warben die Mannheimer für ihren Bulldog, nicht zuletzt ein gewisser Doktor Huber!) Die vorgenannte Deutzer Zweizylindertype erwies sich als besonders geeignet. Der Motor leistet im Dauerbetriebe 25 PS, maximal 28 PS, bei einer Drehzahl von n = 1200 pro Minute."

Es handelt sich bei diesem Motor um einen klassischen Vorkammerdiesel. Kurbelgehäuse, Zylinderblock und Ölwanne sind in einem Stück gegossen, auch die auswechselbaren Laufbuchsen bestehen aus Gußstahl. Die Kurbelwelle verfügt über zwei Rollenlager, die an der rechten Seite befindliche, als Überströmpumpe ausgeführte Einspritzpumpe ist ein Deutz-Fabrikat mit Schrägkantensteuerung am

die Zugmaschine

für jeden landwirtschaftlichen

GROSS- u. KLEINBETRIEB

Vollkommene Gegenwart:

28 PS. **DEUTZ-DIESEL**

STAHLSCHLEPPER

Arbeitsleistung und Brennstoffverbrauch

nach der Erfahrung auf horizontalen, mittelschweren Böden mit 45 kg dcm² Widerstand.

Arbeitsart	Arbeits- Breite cm	Arbeits- Tiefe cm	Pflugscharen-Zahl	Morgen in 10 Stunden	Brennstoffverbrauch kg/Morgen (Treiböl von 10000 W. E. unterer Heizwert)
Tiefpflügen . .	56	25—30	2	7—9	4,5—5
Saatpflügen . .	56—90	20—25	2—3	10—13	3,6—4
Schälen . . .	90—120	10—12	4—5	20—22	1,8—2
Kultivieren . .	200—300	—	—	30—40	1—1,5
Eggen und Walzen . .	300—400	—	—	40—55	1—1,5

Riemscheiben- und Zapfwellen-Antrieb gehören zum normalen Lieferungsumfang!

Humboldt-Deutzmotoren

Aktien-Gesellschaft

Köln

Vertrieb für Sachsen und Thüringen:

Pöhl-Werke, Gößnitz (Kreis Altenburg)

DEUTZ

25/28 PS Deutz-Diesel Acker-Stahlschlepper

Abmessungen:

Größte Länge	3030 mm
Größte Breite	1500 oder 1626 mm
Größte Höhe	2030 mm
Achsabstand	1920 mm
Wenderadius	4 m
Bodenfreiheit	290 mm
Spurweite von Mitte zu Mitte Rad vorne	1160 oder 1260 mm
hinten	1100 bis 1356 mm
Laufräder vorne	760×140 mm
hinten	1100×270 mm
Riemenscheiben-Durchmesser	320 mm
Breite	180 mm
Drehzahl	800 pro Minute
Zapfwellen-Drehzahl	540 pro Minute
Durchmesser	1³/₈"
Brennstoff-Vorrat	75 Liter
Schmieröl-Vorrat	12 Liter
Kühlwasser-Vorrat	35 Liter

25/28 PS Deutz-Diesel-Stahlschlepper

Fahrgestell:
Rahmenlose, bruchsichere Stahl-Blockkonstruktion!

Motor: Stehender Zweizylinder: Viertakt-Deutz-Dieselmotor nach dem Vorkammer-Verfahren
Drehzahlregulierung bis auf 40% der norm. Umläufe
100%ige Luftfilterung durch Trocken-Schleuderfilter mit nachgeschaltetem Ölfeinfilter
Kurbelwelle in Rollenlagern gelagert
Druck-Umlaufschmierung mit Kontroll-Manometer
Auswechselbare Zylinderbüchsen
Kühlung durch Wasserpumpe, Röhrenkühler und Ventilator
Absolut staubdichte Kapselung!

Getriebe:
Einscheiben-Trockenkupplung; vier mittels Kugelschaltung durchschaltbare Vorwärts-Geschwindigkeiten
Ein Rückwärtsgang

Greifer: Stollen- oder Winkelgreifer

Bremse: Eine Getriebebremse

Normale Dauerleistung: 25 PS

Drehzahlbereich: 500/1200 Umdrehungen i. d. Min.

Brennstoff: Gasöl, Erdöl, Deutsches Braunkohlenteeröl usw.

Verbrauch: 200 g Rohöl je PS/Std.
bei Vollast, mit 10% Toleranz bei einem unteren Heizwert des Treiböls von 10000 W. E.
etwa 1 kg Schmieröl in zehn Stunden

Fahrgeschwindigkeiten:
3,4–4,3–6,7–11 km/Std. vorwärts
3,3 km/Std. rückwärts

Größte Hakenkraft: 1250 kg

Betriebsgewicht: etwa 2300 kg

Ackerschlepper	1.Gang	2.Gang	3.Gang	4.Gang	5.Gang
Acker/Eisen	3,4	4,5	6,7	11	-
Straße/Laufringe	4	5,3	7,9	-	-
Niederdruck-L.	3,2	4,2	6,3	10,5	
Straßenschlepper					
Hochelastik	3	4	5,9	9,7	16
Riesenluft	4	5,3	7,9	13,1	21,3
Aero-Reifen	4,13	5,5	8,17	13,6	22,3

Plunger. Wasserumlaufkühlung mit in den Motor eingebauter Pumpe und Ventilator, großzügig bemessener Wabenkühler, Druckumlaufschmierung in Verbindung mit Schleuderschmierung gehören zu seinen weiteren Merkmalen. Der Motor wird mit Hilfe von Zündlunten von Hand angelassen. Dazu muß zunächst ein am Kühler angebrachter Knopf in Richtung Kühler gedrückt werden, wodurch der Dekompressionshebel an der Einspritzpumpe in die Stellung schnappt, bei der nur ein Zylinder dekomprimiert wird, während der zweite die maximale Kraftstoffmenge erhält. Ist die notwendige Drehzahl erreicht, wird der Knopf in seine Ausgangsstellung zurückgezogen, der Hebel springt automatisch in die Betriebsstellung.

Auf einfache Weise können die Kolben durch eine große Öffnung an der linken Motorseite nach unten herausgezogen werden, ohne daß der Zylinderkopf unter anderem Teile demontiert werden müssen.

Das Getriebegehäuse ist zweigeteilt. Eine durch Pedal betätigte, trockene Einscheibenkupplung im vorderen Teil des Getriebegehäuses überträgt die Motorkraft auf das Getriebe, und an dieser Stelle wird es spannend! Wir lesen bei Ingenieur Rothardt: „Für die Kraftübertragung auf die Triebräder sind im vorderen Getriebegehäuse zwei starke, schwingungsfrei in Wälzlagern gelagerte Getriebewellen angeordnet, auf denen sich die Zahnräder für fünf durchschaltbare Vorwärtsgänge befinden. Das Rückwärtsrad ist gesondert gelagert. Beim Straßenschlepper werden alle fünf Geschwindigkeiten ausgenutzt. Beim Ackerschlepper ist der fünfte Gang gesperrt, so daß Geschwindigkeiten über 11 km/h nicht gefahren werden können.“

Abgesehen davon, daß hier erstmals die verschiedenen Ausführungsformen des „Stahlschleppers“ angedeutet sind, finden wir in Rothardts Artikel die Bestätigung eines schon im Ausstellungskatalog genannten Viergang-Getriebes beim Ackerschlepper, zu dem in der TidL sogar Geschwindigkeiten angegeben sind (s. Tabelle)! Mehr noch: auch in dem Prospekt des „25/28 PS Deutz-Diesel Stahlschlepper“ aus dem Jahr 1934 heißt es: „Getriebe: ... vier mittels Kugelschaltung durchschaltbare Vorwärtsgeschwindigkeiten, ein Rückwärtsgang“. Sämtliche heute bekannten Exemplare der Acker-Ausführung des F2M315, also die original mit Eisenrädern ausgerüsteten und so belassenen, verfügen lediglich über ein Getriebe mit drei Vorwärtsgängen, und auch ihre Schaltkulissen sind entsprechend ausgeführt! Dies läßt eigentlich nur den Schluß zu, daß das Getriebe anfangs (wie lange?) vier Vorwärtsgänge hat, wenn der Schlepper mit Eisenrädern ausgeliefert wird und daß dies irgendwann (1935/36?) geändert wird. Eine Spekulation scheint nicht völlig unberechtigt: wenn sich die oben erwähnte Codierung dergestalt auflösen ließe, daß sie für „Januar 1934“ steht, wäre dies ein sehr deutlicher Hinweis darauf, daß erste Exemplare des F2M315 bereits Ende 1933 existiert haben müssen! Lt. „VDA-Typentafeln“ des Jahrgangs 1934 kann der Straßenschlepper übrigens auch mit Elastik-Bereifung ausgeliefert werden.

Im hinteren Teil des Getriebegehäuses befinden sich die querliegende Zwischenwelle mit Tellerrad und Ritzel und das Differential. Rothardt führt weiter aus: „Die Zahnbeanspruchungen sind in Grenzen gehalten, die lange Lebensdauer gewährleisten, wobei der meistbeanspruchte zweite Gang als Pfluggang besondere Berücksichtigung fand. Die dritte im Getriebekasten längsangeordnete Welle dient zum Antrieb der Riemenscheibe und ist gleichzeitig als Zapfwelle nach hinten durchgeführt... (n = 540). Riemenscheibe und Zapfwelle können vom Führersitz aus mittels Handhebel eingerückt werden“.

Auch die Zapfwelle ist demnach, wie auch im Ausstellungs-Katalog bereits unter „Neu ist“ vermerkt, beim Ackerschlepper immer vorhanden, aber zumindest unser „Schwabe“ muß auch auf dieses Detail verzichten. Günstige Achslastverteilung und nicht zu hohes Eigengewicht, ausreichender Rad-

Toprestauriert: der Erfolgstyp F2M315

stand, ausreichende Bodenfreiheit und die Möglichkeit, die Spurweiten praxisgerecht zu verstellen und höhenverstellbare Anhängevorrichtung zeichnen den Stahlschlepper aus. Es gibt ihn im Jahr 1934 (wie alle Folge-Typen der Baureihe, nimmt man den in nur 268 Exemplaren, ausschließlich als Straßenschlepper gebauten F2M317 und den legendären „Elfer"-Bauernschlepper aus) grundsätzlich in drei Ausführungen, und zwar als:

1. Ackerschlepper – mit Eisenbereifung, Laufringen, Riemenscheibe und Zapfwelle, (anfangs) vier durchschaltbaren Gängen, Zugpendel, ungefederter Vorderachse und Getriebebremse;

2. Universalschlepper – mit fünf Vorwärtsgängen, gefederter Vorderachse, Getriebe- und Hinterrad-Trommelbremse, Riemenscheibe, Anhängerkupplung, Auspufftopf, Ballonhupe und Acetylen-Beleuchtung, auf Wunsch Eisenräder, Zapfwelle und Zugpendel;

3. Straßenschlepper – mit fünf Vorwärtsgängen, Riesenluft- oder Aero-Bereifung, Anhängerkupplung, gefederter Vorderachse und vorderen Kotflügeln, elektrischer Beleuchtung, auf Wunsch Druckluft-Bremsanlage.

Umgehend meldet die Humboldt-Deutz-Motoren A.G. den F2M315 zur Prüfung auf dem heute legendären Schlepper-Prüffeld des RKTL in Potsdam-Bornim an, das unter der Leitung von Dipl.-Ing. Helmut Meyer, dem berühmten „Schlepper-Meyer", steht. In den Monaten September/Oktober 1934 wird die Prüfung vorgenommen, praktische Erprobungen im Einsatz auf verschiedenen Landwirtschaftsbetrieben im ganzen Deutschen Reich unter Federführung des „Reichsnährstandes" schließen sich an. In den Jahren 1935/36, jeweils im Mai, veröffentlicht Helmut Meyer die Ergebnisse aus Bornim in der TidL. Einige der wichtigsten seien hier genannt:

Die Messung der Riemenscheibenleistung ergibt als höchsten Wert 26,7 PS, „nach diesem Wert kann man mit einer Höchstmotorleistung von rund 29 PS rechnen. ... Der hieraus unter Berücksichtigung der Getriebe- und Riemenverluste errechnete, auf die Motorleistung bezogene Kraftstoffverbrauch von 217 g/PSh ist günstig. ... Bei der Prüfung der Zughakenleistung wurden auf schwerem Boden mit Greiferrädern ermittelt im 1. Gang 1404 kg, Leistung 18,4 PS bei 1213 U/min, im 3. Gang mit Ackerluftreifen 11,25-24 noch 970 kg, Leitung 19,5 PS bei 1200 U/min. ... Hiernach sind also die Leistungen bei Luftreifen wegen des geringen Fahrwiderstandes beträchtlich höher." Diese Messungen werden im Lauf der beiden Jahre mehrmals durchgeführt, wobei sich ergibt, daß die Ergebnisse in keiner Weise nachlassen. Der Hersteller wechselt einmal die Pumpe aus, die während der Serienproduktion in einigen Details verbessert worden ist, bei der Demontage des Schleppers nach Abschluß der Prüfungen ergibt sich, daß die Kurbelwelle an einer Stelle eine Abnutzung bis zu 0,4 mm erfahren hat, die Laufbahn des ersten Zylinders ist etwas unrund geworden. Deutz gibt an, daß neuere Ausführungen

Inland
Schlepper, Lokomotiven

DEUTZ

Reg. Nr.
Form. Nr. F 366

Koſtenanſchlag

für
Herrn Fritz Schönfelder
Dittersbach / Eigen

Gegenſtand
1 Ackerschlepper F2M 315.

HUMBOLDT-DEUTZMOTOREN A.G., KÖLN

F 366

Interessantes Dokument: ein „Kostenanschlag" des Herstellerwerks von 1937

Technische Daten in Tabellarischer Übersicht

	Ferguson Black Tractor	Ferguson A (Ferguson-Brown)	Deutz F2M315
Baujahre	1933	1936-39	1933(?)/34- 42
Stückzahl	1	1.250	11.888
Motor	Hercules IXB No. 400 755	Coventry Climax Type E	Deutz F2M315
Art	Benzin/Petroleum	Benzin/Petroleum	Vorkammerdiesel
Vergaser/Einspritzp.	Hercano		Deutz
Zylinder	4	4	2
Bohrung (mm)	83	79	120
Hub (mm)	100	100	150
Hubraum (cm^3)	2.163	2.010	3.390
Verdichtung			18:1
Dauerleistung (hp/PS)	etwa 16,7	20	25
Höchstleistung	etwa 18		28
Drehzahl (U/min)		2.000	1.200/1.250
Kupplung	Einscheiben-Tr.	Einscheiben-Tr.	Einscheiben-Tr.
Getriebe	3 V/1 R	3 V/1 R	3-5 V/1 R
Länge (mm)		2.667	3.260
Radstand (mm)		1.725	1.920
Bodenfreiheit (mm)			270
Leergewicht (kg)	etwa 813		2.390 (Eisenräder) 2.570 (Ackerluftber.) 2.550 (Straße)
max. Gewicht (kg)			3.000
Vorderachslast (kg)			880 (Eisenräder) 890 (Ackerluftber.) 850 (Straße)
Hinterachslast (kg)			1.510 (Eisenräder) 1.680 (Ackerluftber.) 1.700 (Straße)
Eisenräder (mm)			760x120 vorn 1.100x270 hinten
Luftbereifung		9x22 hinten	6,50-20 v. (Acker) 11,25-24 h. (Acker) 6,50-20 v. (Straße) 42 x 9 extra o. 0350-20 (Straße) h.

diese Abnutzungserscheinungen nicht mehr aufweisen würden, die Überprüfung dieser Aussage erfolgt umgehend in Bornim an Hand mehrerer Maschinen – und sie wird bestätigt. Schließlich schreibt der „Schlepper-Meyer": „Auf Grund der Prüfungsergebnisse ... kann das Urteil über den Deutz-Diesel-Radschlepper 28 PS folgendermaßen zusammengefaßt werden: Der Schlepper hat sich sowohl in Leistung als auch im Kraftstoffverbrauch sehr gut bewährt. Die Ausführung ist zweckentsprechend, so daß eine hohe Lebensdauer bei geringen Instandsetzungskosten zu erwarten ist. Der Schlepper ist den landwirtschaftlichen Bedürfnissen gut angepaßt, seine Bedienung stellt keine besonders hohen Anforderungen. Der Schlepper wurde als ‚Neu und beachtenswert' anerkannt und mit der ‚Silbernen Preismünze" ausgezeichnet". Wenigstens diese altehrwürdigen Kategorien der DLG haben demnach im „Reichsnährstand" überlebt.

Wenn es am Ende dieses Vergleichs der beiden Maschinen ein Resümee geben kann: wie könnte es aussehen? Die augenfälligen Übereinstimmungen (gleiche Entwicklungsjahre, Blockbauweise) haben wir eingangs bereits genannt. Die Ziele, die mit ihnen verwirklicht werden sollen, sind schon sehr verschieden. Aber man muß sich doch fragen, welcher deutsche (und ich zögere nicht zu sagen: kontinentaleuropäische) Schlepper zu Beginn bis Mitte der dreißiger Jahre dem Ferguson hätte gegenübergestellt werden können: die Ära des Fordson ist, ungeachtet seiner weiten Verbreitung, zu Ende. Auch der Hanomag WD-Radschlepper, der nach den gleichen konstruktiven Grundlagen gebaut ist, ist mit seinem Vergaser-Motor in technischer Hinsicht überholt – sein Nachfolger, der RD 32 beziehungsweise RD 36 spielt aber endgültig in einer anderen Leistungs- und Gewichtsklasse. Ebenso die Bulldogs aus Mannheim. Selbst der Typ HN 1, der berühmte 12/20er, mit dem Lanz den klein- und mittelbäuerlichen Betrieben zur Motorisierung verhelfen will, kommt nicht ernsthaft in Betracht: wenngleich ein durchweg hervorragender Schlepper, erreicht er auf Grund des konkurrenzlos hohen Verkaufspreises seine Zielgruppe nicht und erweist sich als Fehlschlag. Lediglich 678 Exemplare werden von 1932-33 gebaut, also ziemlich genau in der Epoche, in der auch Ferguson und Deutz „Stahlschlepper“ entstehen.

Wir erinnern uns: Ferguson hielt stets an seiner Ausgangsidee, einen Schlepper für jede landwirtschaftliche Betriebsgröße zu bauen, fest. Und es ist ihm letztlich gelungen, wie der spätere Erfolg beweist. So einfach ist es mit dem „Stahlschlepper“ nicht. Auch er ein Erfolgstyp, und zwar auf Anhieb, rangiert er in Leistung und Gewicht deutlich darüber, wenn auch wiederum unterhalb seiner zeitgenössischen Hanomag- und Lanz-Konkurrenten. Immerhin wird der F2M315 von dem damals als Deutz-Händler tätigen Wilhelm Jahns in Hildesheim als „kleine Gutsmaschine“ angeboten, was es ziemlich genau trifft.

Für die Beschäftigung mit Historie verbietet es sich grundsätzlich, ganz gleich, um welchen Gegenstand es sich handelt, über die Frage zu spekulieren: „was wäre wenn?“ Dessenungeachtet ist solche Spekulation unwiderstehlich reizvoll, und auch der Autor dieser Zeilen erliegt ihr zum Schluß. Was wäre möglich gewesen, wenn es hierzulande damals weniger „Berufungen“ und dafür mehr freie Sicht über den Tellerrand gegeben hätte? Und was, wenn sich Harry Ferguson weniger stur gestellt und die Überlegenheit eines modernen Dieselmotors im Ackerschlepper erkannt hätte? Die Erfolgsgeschichte seines „Ferguson-Systems“ im „Little Grey Fergie“ und der dieselnden Typen in der zweiten Hälfte der fünfziger Jahre und später geben wohl zumindest eine Teilantwort auf diese unzulässige Frage.

Für die Bereitstellung wesentlicher Daten zum Ferguson dankt der Autor dem Science Museum London. Ferner wäre die Dokumentation nicht in dieser Form möglich gewesen ohne die Hilfe von Armin Bauer, Klaus Bergner, Christine Braune (HUB, Inst. für Agrartechnik),Michael Bruse, Peter Conze, Erik Eckermann, Jochen Kröll, Lothar Kühnemuth, Cordt Lehnhoff, Klaus Schultz-Kalau, Christian A. Rady, Ralf Wegener, Jochen Zitzmann. Auch ihnen allen gebührt vielfältiger Dank.

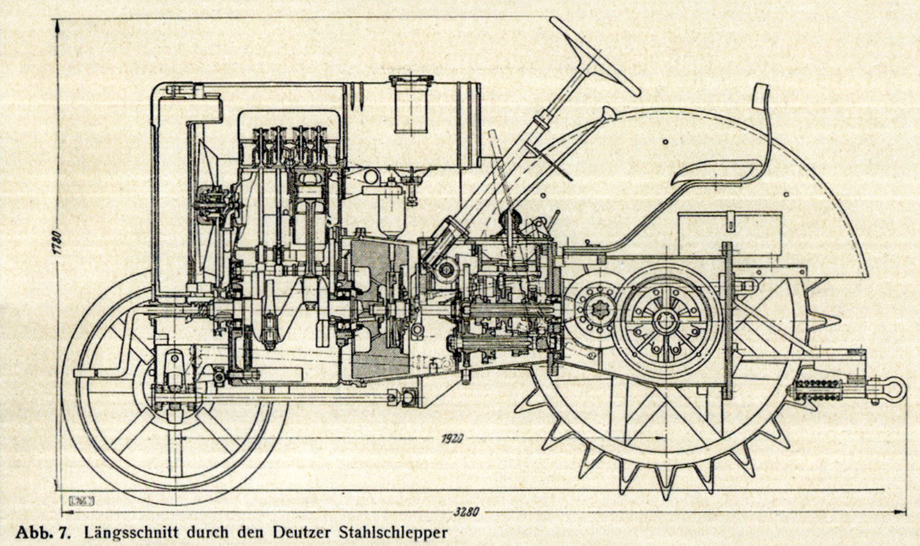

Abb. 7. Längsschnitt durch den Deutzer Stahlschlepper

Sicherheits-Einrichtungen

gegen Personenschäden bei Schlepper-Umstürzen

**von Dr. Heinrich Ostarhild
und Dipl.-Ing. Fritz Braun**

Unfallgefahren gehören zum Leben bei Mensch und Tier. In Höhlen, deren Gänge in die Tiefe führen, sind Tiere an Sauerstoffmangel zugrundegegangen, bevor es Menschen dort gab. Längst vor der Technisierung sind Reiter vom Pferd gestürzt, sind Tierhalter von Bullen verletzt oder sogar getötet worden. In unseren stark technisierten Welt wurde in den 60er Jahren des vergangenen Jahrhunderts ein Maschinenschutz-Gesetz erlassen, das später in die Europa-Normen unter dem Titel „Geprüfte Sicherheit" (GS) eingegangen ist. Seit 1. Januar 1995 ist in der Europäischen Wirtschafts-Gemeinschaft der Hersteller oder Händler allein für die Gerätesicherheit verantwortlich.

Zur Teilnahme am Straßenverkehr, der schon lange einen früher nicht vorstellbaren Umfang erreicht hat, entstanden infolge der so sehr vielfältigen Entwicklungen zu speziellen Zwecken umfangreiche Vorschriften, die in den „Typgenehmigungen für lof Zugmaschinen" zusammengefaßt wurden, wobei „lof" für „Landwirtschaftliche oder Forstwirtschaftliche" Zugmaschinen steht.

Folge dieser Vorgaben ist zum Beispiel die Begrenzung der Fahrgeschwindigkeit mancher Baumuster auf 40 km/h. Mancher Fahrer würde sich vielleicht eine schnellere Fahrt wünschen, dann wäre jedoch unter anderem die nötige Kippsicherheit bei Kurvenfahrt nicht mehr gewährleistet. Diverse Einzelheiten wie Umsturz-Schutz, Überroll-Schutz, Anbringung von Umsturz-Sicherungen bei Schmalspurmaschinen, Sicherheitsgurt (Beckengurt), Sichtfeld des Fahrers und Beifahrersitz sind von Fall zu Fall geregelt. Dies alles soll nicht den Konstrukteuren das

Ein typischer Gewaltschaden nach seitlichem Umsturz bei einem 12 PS Allradschlepper A 15 ohne Schutzbügel im Jahre 1969

Leben schwer machen, sondern der Sicherheit auf Straßen und Feldwegen, auf Höfen und in Garagen dienen. Die hier kurz umrissenen Vorgaben wurden laufend fortgeschrieben, so etwa in den Jahren 2003, 2006 und schließlich 2010.

Keiner ist gegen Unfall gefeit

Der Autor hat in seinen Praxis-Jahren mehrere Unfälle miterlebt, die durch Verkennung von Gefahren, infolge mangelnder Vorsicht und auch durch Leichtsinn geschehen sind. Ein schlimmer Fall passierte 1946 in meinem ersten Lehrjahr in Beuster (Altmark), das damals unter der Verwaltung des SMAD (Sowjetische Militärische Administration Deutschlands) stand. Batterien zum Anlassen des Schleppers waren absolute Mangelware, ebenso wie Schlepperbereifungen. So wurde der eisenbereifte 50 PS-Vorkriegs-Hanomag mit vier Pferden „breit gespannt" (das heißt vier Pferde nebeneinander) angeschleppt. Der Traktor hatte so genannte Spatengreifer auf den Hinterrädern. Der nebenhergehende Kollege, der etwas Benzin in den Ansaugstutzen einspritzte, wurde von einem Spatengreifer am Fuß erfaßt, der Schlepper blieb auf seinem Beim stehen. Mit schweren Winden konnten wir den Hanomag anheben und den Kollegen befreien. Erst nach Monaten im Krankenhaus wurde er humpelnd entlassen. Tödlich verlief ein Leichtsinns-Unfall im Jahr 1949 im Landesgut Haynsburg, in dem er Verwalter war: Der Fahrer hatte bei Bergabfahrt mit zwei leeren Anhängern den Gang heraus genommen, was strengstens verboten ist. Der immer schneller werdende Zug kam von der Straße ab, der schwere Bulldog überschlug sich und begrub den Fahrer unter sich. Zwei Tage später haben wir ihn in Haynsburg begraben. Ich selbst bin dort einmal beim Ausladen eines Lose-Dünger-Wagons an einer gebrochenen Stahl-Türschwelle hängen geblieben, auf das Nebengleis hinuntergestürzt und habe mir die Kniescheibe aufgeschlagen – zum Glück ohne weitere Folgen.

Vor allem in den ersten Jahren des Umstiegs vom Gespannzug zum Schlepperzug sind viele Unfälle geschehen, haben viele Landwirte Gesundheit oder sogar Leben eingebüßt, weil sie die neuen Gefahren nicht kannten oder unterschätzten. Nicht selten kam es erst später zu der Erkenntnis: Führerschein haben heißt noch nicht: Sicher fahren zu können.

Hier wurde ein Park 60 (24 PS Holder-Zweitakt-Motor) mit einem Kabinen-Prototyp studienhalber zum Umsturz gebracht

Im Bereich der Landwirtschaftstraktoren, besonders bei Schmalspur-Maschinen und bei den später hinzukommenden Kommunaltraktoren haben die Landwirtschaftlichen Berufsgenossenschaften (LBG) für detailierte Vorschriften gesorgt, die sich als „UVV“ – Unfall-Verhütungs-Vorschriften sehr segensreich ausgewirkt haben.

Jeder Unfall ist ein Unfall zu viel

Gegenstand dieses Beitrages sind einige Beispiele zur Entwicklung und zum heutigen Stand der Technik von den ersten Umsturz-Schutzbügeln der 70er Jahre zu den Kabinen der heutigen Kabinenschlepper. Ein wichtiges Stichwort hierzu sind die „Beschützenden Strukturen“, das sind alle Bestandteile, technischen Merkmale und Vorschriften, die der Sicherheit dienen. Solche Strukturen müssen geprüft sein, das gilt auch für solche Bügel, die bei Bedarf heruntergeklappt werden dürfen, um etwa unter niedrigen Baumzweigen hindurchfahren zu können. Auch bei kleineren Kommunaltraktoren wird gelegentlich von den Wohnbauverwaltungen verlangt, die Schutzbügel abzuklappen, um unter Teppichklopfstangen durchfahren zu können.

Im Holder-Archiv ist eine „Betriebsordnung“ erhalten, die auf Grund des Betriebsverfassungsgesetzes von 1952 zwischen der Firma und dem Betriebsrat vereinbart worden war. Als kleines handliches Heft gestaltet, wurde diese Betriebsordnung zuletzt in der Fassung von 1967 an alle Mitarbeiterinnen und Mitarbeiter verteilt. In 73 Abschnitte eingeteilt, wird die Arbeits-Sicherheit mehrfach ausdrüklich angesprochen und alle Betriebsangehörigen zur Einhaltung der Vorgaben in ihren Arbeitsbereichen verpflichtet. Deshalb sind die Unfallverhütungsvorschriften (UVV) so wie die Vorschriften zum Gesundheitsschutz im Betrieb ausgehängt. Außerdem wird ganz klar vor Nichtbenutzung der diversen Schutzeinrichtungen an Maschinen sowie der Körperschutzhilfen (Handschuhe, Brillen, Gehörschutz, Helme) gewarnt.

Der UVV-Nachtrag von 1969

Dieser Nachtrag vom 21. April 1969 war seinerzeit die erste Basis der vorher nicht vorgeschriebenen Sicherheitsbügel, Sicherheitsverdecke, Sicherheitskabinen und Schutzstangen bei Schmalspurschleppern. Im Text ist zur Durchführung von Unfallschutz-

Drei Mann sichern den A 55 (36 PS) noch mit einem Seil. Versuchsleiter Fritz Braun fährt langsam in den Hang ein

Braun und seine Kollegen beobachten gespannt wie der A 55 ohne Fahrer langsam beginnt zu kippen. Geich wird er umstürzen

Der Schlepper ist umgetürzt. Der Schutzbügel-Prototyp hat ein gefährliches Weiterrollen verhindert

Der ab 1976 gefertigte Schmalspurschlepper B 40 (35 PS Holder-Motor) bekam einen Schutzbügel direkt hinter dem Fahrersitz

Das Profil der Vorderreifen zeigt, das der B 51 (50 PS Perkins-Motor) ein Allradschlepper ist. Der Schutzbügel ist umlegbar

Der Allrad-Schmalspurschlepper B 51, hier mit nach vorn umgelegtem Schutzbügel. Das Schutzpolster vermeidet Kratzer auf der Haube

Prüfungen ausgeführt: Besichtigung durch die Prüfungs-Kommision, Umsturzversuche und gegebenenfalls Laboruntersuchungen.

Im Einzelnen ist – ganz kurz gefaßt – ausgesagt, daß die Schutzvorrichtungen so auszuführen sind, daß sie beim seitlichen Umstürzen oder beim rückwärtigen Überschlagen weder zerstört noch in gefährdender Weise verformt werden. Dem Fahrer muß gegebenenfalls ein ausreichender Frei- und Überlebensraum verbleiben, ein seitliches Weiter- Überschlagen beziehungsweise Weiterrollen muß verhindert werden. Und schließlich dürfen die Schutzvorrichtungen in sich selbst keine Gefährdungen bei Umstürzen oder Überschägen verursachen. Mit anderen Worten und wie auch auf den Fotos erkennbar: Kabinen dürfen sich beim Umsturz in gewissen Grenzen verformen, solange der Fahrer-Freiraum, die „Beschützende Struktur“ (eng.:clearance) erhalten bleibt. Das bedautet praktisch: Bleche, Rohre, Profile und ähnliches dürfen sich verbiegen, aber nicht brechen und Schweißnähte dürfen nicht reißen.

Da man bei den Schlepper-Herstellern eine gewisse Zeit braucht, um Neukonstruktionen zu erproben und erst dann in die Fertigung einfließen lassen zu können, haben die LBG vernünftigerweise dazu ausreichende Fristen vorgegeben. So traten einzelne Bestimmungen zum 1. Januar 1970, andere erst 1972 oder 1975 in Kraft. Und auch das gab´s: Mit einem Vertreter-Rundschreiben vom 1. September 1976 teilte Holder mit, daß für die von 1961 bis 1967 gefertigten Allradschlepper A 20/ AS 21S Sicherheitsbügel zum nachträglichen Anbau lieferbar sind, das waren entweder starre Bügel oder umklappbare Sicherheitsbügel.

Eine besondere, mögliche Belastung ist der Fall, daß ein Traktor nach dem Überschlag auf dem Dach liegen bleibt. Das mag selten vorkommen, kann aber nicht ausgeschlossen werden. Deshalb gibt es auch hier detallierte Vorgaben, von denen hier nur bemerkt werden soll, daß die Kabine das doppelte Gewicht des Fahrzeugs aushalten muß.

Ein weiterer spezieller Fall ist das Öffnen der Dachluke als Notausstieg für den Fahrer. Nachdem es in Skandinavien passiert war, daß Fahrer beim Einbrechen ins Eis in Schwierigkeiten gekommen waren, wurden Notausstiege zwingend vorgeschrieben.

Kommentar zu den Abbildungen

Einige Fotos sprechen für sich, zu anderen erscheint ein Kommentar angebracht. Der 12 PS Allrad-Knicklenker A 15 vom Baujahr 1969 hatte mit seinen vier Rad-Zusatzgewichten eine recht ordentliche Schwerpunktlage, dennoch kam es in einem terrasierten Weinberg zum seitlichen Umsturz, bei dem vor allem Blechteile stark beschädigt wurden. Als der heutige Chefkonstrukteur Fritz Braun noch Leiter der Versuchsabteilung war, hatte er ab 1974 erste Umsturz-Schutzbügel-Versuche auszuführen. Das ging freilich –gemessen am heutigen Stand dieser Technik – recht schlicht zu und erforderte (einschließlich Fotograf) mindestens fünf Mitwirkende. So wurde erst mal ein geeigneter kleiner Hang im Gelände gesucht, dann der Traktor mit dem zu prüfenden Schutzbügel an diese Stelle manövriert, wobei drei Mann mit einem Seil sicherten. Dann wurde losgelassen und der A 55 (36 PS) stürzte um. Ungeachtet der einfachen Methodik bleiben die so gewonnenen Erfahrungen sehr wertvoll.

Im Laufe der 70er Jahre baute man in Metzingen Schmalspurschlepper in der sogenannten Standard-Bauweise, das heißt mit großen Hinterrädern und kleineren Vorderrädern. Das waren die Typen B 40 (Hinterradantrieb) und B 41 (Allradantrieb), beide mit 35 PS Dreizylinder-Viertakt-Holder-Motoren. Ferner die Modelle B 50 (Hinterrad) und B 51 (Allrad) mit 50 PS Perkins-Motoren aus Coventry (England). Bei den Umsturz-Schutzbügeln gab es pragmatische Lösungen: Starre Bügel hinter dem Fahrersitz bei den beiden kleineren und nach vorn auf die Motorhaube umlegbare Bügel bei den beiden größeren Maschinen.

In den 70er und 80er Jahren kamen verschiedene Ausführungen von Schutzbügeln zu den einzelnen Traktortypen in die Erprobung oder auch in die Serienfertigung. Diese waren von Fall zu Fall an die Kotflügel und an die wechselnden Außenbreiten anzupassen, je nachdem, ob die Räder der Fahrzeuge in schmaler oder breiter Spur zu montieren waren. Beim Weinbau-Schmalspurschlepper A 50 S (50 PS) war der Schutzbügel direkt am Schlepperrumpf montiert. Übrigens ist knapp unter dem Umlege-Gelenk das damalige Europa-Zeichen „GS" (Geprüfte Sicherheit) erkennbar.

Mit drei Fotos vom kleinen Kommunaltraktor P 20 (18 PS Kubota-Dreizylinder-Diesel) läßt sich zeigen, wie in den 80er Jahren für Sicherheit bei Umstürzen gesorgt wurde: Zunächst gab es einen leichten Bügel, der sich nach vorn um die Motorhaube herum umlegen läßt. Die nächste Möglichkeit ist der Vierpfosten-Sicherheitsrahmen, inoffiziell

Beim Weinbautraktor A 50 S (50 PS Holder-Motor) wird der umgelegte Schutzbügel mit zwei Streben fast waagrecht gehalten

Anstelle eines Bügels kam dann ein sogenannter Vierpfostenrahmen in Frage, der bei Bedarf zur Vollkabine ausgebaut werden konnte

Die P 20 Vollkabine war dann komfortabel mit Dach, teilweise mit ausstellbaren Fenstern, Scheibenwischern und weit öffnenden Türen

auch als Halbkabine bezeichnet. Und schließlich die beste Ausführung: Die Vollkabine mit oberen Zusatz-Scheinwerfern, Rückspiegeln und gelber Rundum-Warnleuchte. Zu bemerken ist noch, daß auf diesen drei Fotos die Frontkraftheber zu sehen sind, mit denen ein Sichelmäher vor den Rädern betrieben werden kann. Bekanntlich bringt das die bessere Schnittqualität als bei den – auch im Bild gezeigten – Zwischenachs-Sichelmähern.

Nun ist über die Labor-Versuche zu berichten, wie sie die DLG (Deutsche Landwirtschafts-Gesellschaft) in ihrer Schlepper-Prüfhalle in Großumstadt bei Darmstadt Mitte der 70er Jahre anstellte. Damals wurden mit definierten Gewichten und berechneten Bewegungen die Belastungen simuliert, die bei Schlepper-Umstürzen auftreten. Die sehr starken Verformungen des Sicherheitsrahmens beim A 55 (36 PS Holder-Viertakter) sind deutlich sichtbar.

Der heutige Stand der Technik zur Prüfung auf Umsturz-Sicherheit ist auf den drei letzten Fotos zu sehen, die in jüngster Zeit in der Österreichischen Landtechnik-Prüfstelle in Wieselburg und in Großumstadt gemacht werden konnten.

Beim Kommunaltraktor P 20 (18 PS Kubota-Motor) gab es abgestufte Möglichkeiten: Hier ein nach vorn umlegbarer Bügel

Radlast-Ausgleich und Steilhang-Notbremse

Stärkere Traktoren erwecken höhere Erwartungen. Beim Typenwechsel vom A 45 (36 PS) zum A 50 (50 PS) reklamierte ein Winzer aus dem unterfränkischen Volkach, daß sich bei dem soeben gekauften neuen A 50 bei vollgefülltem Behälter des Anbausprühgerätes bei vollem Lenkeinschlag das kurvenäußere Vorderrad vom Boden abhob. Daraufhin wurde Ostarhild als „Trouble-shooter" („Ärger-Absteller") losgeschickt. Zum Glück waren ein paar überschwere Radgewichte da, die ein Händler zum Ausprobieren nach Metzingen geschickt hatte. Diese Gewichte waren in Volkach rasch angeschraubt, der Winzer fuhr sie selbst mehrfach in beiden Richtungen – und war nun zufrieden.

Nach solchen und ähnlichen Ereignissen hatte sich der damalige Versuchsleiter Fritz Braun um das Problem gekümmert. Nach mehreren nicht gelungenen Versuchen mit Stahlseil-Konstruktionen entwikkelte Braun einen Stabilisator, der im wesentlichen aus einem gelenkigen Doppel-Federpaket bestand. Dieser Stabilisator wurde exakt unter dem mittleren Fahrzeug-Gelenk der Knicklenker angeschraubt. Beim Lenken wurde beim Lenkeinschlag etwa nach links die linke Feder gedehnt und die rechte Feder zusammen gedrückt, beim Lenkeinschlag nach rechts geschah dasselbe in der anderen Richtung. Nun blieben die Vorderräder am Boden! Nach gelungenen Vorführungen vor verschiedenen Kunden bekam diese Konstruktion die Bezeichnung „Radlast-Ausgleich" und wurde nach und nach serienmäßig in alle Knicklenker eingebaut. Für den jungen Ingenieur Braun übrigens wurde der Radlastausgleich 1980 sein erstes Patent, dem später etliche weitere folgen sollten.

Als spezielle Sicherheitsausführung für Weinbau und Obstbau ist hier noch die „Steilhang-Notbremse" zu nennen, wie sie vom Landmaschinen-Händler Laible in Durbach in Südbaden für verschiedene Schlepperfabrikate eingebaut wird. Dazu werden bei Gefahr zwei sehr kräftige Dornen etwa in Traktor-Mitte nach unten und somit in den Boden hineingedrückt. Das funktioniert dank Federdruck auch bei nicht mehr laufendem Motor, der Schlepper wird regelrecht an den Boden angenagelt und der Fahrer hat Zeit abzusteigen beziehungsweise aus der Kabine zusteigen.

Mitte der 70er Jahre wurden systematische Laborversuche in Gegenwart von Spezialisten der Herstellerfirmen eingeführt

Die DLG-Prüfstelle simulierte mit einem zwei Tonnen schweren Betonblock die Umsturz-Belastungen

Nach dem Aufschlag ist der Kabinenrahmen stark verformt. Die Rohre sind jedoch nur verbogen, aber nicht gebrochen

In der österreichischen Prüfstelle in Wieselburg wird ein seitlicher Umsturz durch einen Hydraulischen Stoß nachgeahmt

Bei der heutigen DLG-Prüfmethodik wird der Freiraum für den Fahrer vor einer maßstäblichen Meßwand direkt erkennbar

Der trapezförmige Fahrer-Freiraum ist aus der Sicht von vorn bei diesem simulierten seitlichen Umsturz gut zu sehen

IRUS – die starke Marke

Firma Jakob Rilling & Söhne: Synonym für Einachsschlepper

von Klaus-Uwe Hölscher

In Norddeutschland sind IRUS-Motorgeräte weniger häufig anzutreffen als in den südlichen Bundesländern, da diese Firma ihren Sitz in Dusslingen (LK Tübingen/BW) hatte. Doch wie kam der Verfasser, der in Ostfriesland seinen Wohnsitz hat, in Kontakt zur Firma IRUS? In Leer stellte die Firma Blasator bis 1980 Feldspritzen und Motorrasenmäher her. Zeitweilig gab es eine Kooperation mit IRUS. Blasator hatte den IRUS-Balkenmäher „Micky" im Programm, IRUS verkaufte handgeführte Blasator-Rasenmäher.

Da der Verfasser auf seinem Grundstück nicht nur Zierrasen zu pflegen, sondern auch zweimal im Jahr hohes Wiesengras zu mähen hat, kaufte er sich über Blasator in Leer im Jahre 1977 den Balkenmäher IRUS-Micky. Später erwarb er den IRUS-Superboy-Balkenmäher, an dem auch ein kleines Schneeräumschild für den Wintereinsatz angebracht werden konnte. Da der IRUS-Superboy mit 3,5 PS etwas schwach motorisiert war, wurde er durch ein vielseitiges IRUS-Combi mit 6 PS-Motor abgelöst. Dieses IRUS-Combi wurde zum Wiesenmähen sowie Schmutz- und Schneekehren eingesetzt. Ausgerüstet mit Radgewichten entwickelte es eine gute Zug- und Schubkraft, so dass mit dem Schneeräumschild auch größere Schneehöhen bewältigt werden konnten, die allerdings in Ostfriesland in Küstennähe wegen des meist milden Winterklimas recht selten sind. Diese IRUS-Motorgeräte sind zwar nicht mehr im Besitz des Verfassers, aber alle schriftlichen Unterlagen und die IRUS-Fabrikprospekte aus der Zeit zwischen 1960 und 1985 sind noch vorhanden. Dieser glückliche Umstand bildete den Anlass, sich mit der Geschichte dieser traditionsreichen Firma aus Baden-Württemberg einmal ausführlicher zu befassen.

Zusammenarbeit zwischen den Firmen Blasator in Leer und IRUS in Dusslingen: Blasator verkaufte den IRUS-Balkenmäher „Micky" und IRUS Rasenmäher von Blasator

Links: **Bereits 1969 waren 10 000 Stück vom erfolgreichen IRUS-Balkenmäher „Micky" verkauft. 2,6 kW (3,5 PS)-Zweiaktmotor, Mähbalken mit 107 cm Schnittbreite.** Rechts: **Mit dem IRUS „Superboy" ist in der Leistung der IRUS-Kleinmäher „Modell Rex" vergleichbar. Beide besitzen einen 3,5 PS-Briggs & Stratton-Viertaktmotor**

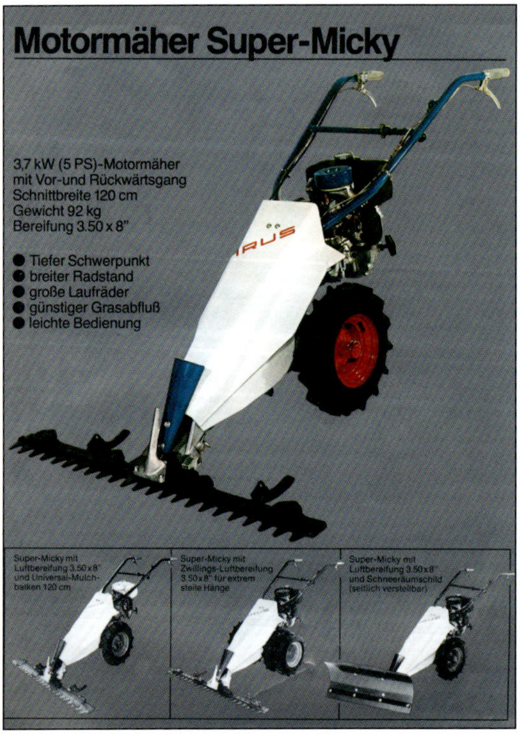

Seine Vielseitigkeit beweist das IRUS-Combi auf den verschiedensten Arbeitsgebieten. An das Grundgerät können Hacke, Pflug, Mähbalken, Kehrbesen, Räumschild und Wagen angebracht werden

Links: **Die stärkere Variante des IRUS „Micky" ist der „Super-Micky" mit 5 PS-Zweitaktmotor und 120 cm Schnittbreite**

Beginn mit Getreidemühlen

Der Name „IRUS“ ist eine Abkürzung für „J. Rilling & Söhne“, die bereits im Jahre 1865 den Betrieb in Dusslingen gründeten. Man begann mit der Herstellung von Mühlen aller Art, vor allem Getreide- und Großkaffeemühlen. Durch den Mühlenbau hatte die Firma auch Kontakte zur Landwirtschaft und so entstand 1928 die Idee, ein selbstfahrendes Mähgerät zu entwickeln und herzustellen. Bereits im September 1928 wurde der Firma IRUS für den weltweit ersten Balkenmäher TYP „HM“ (Heumäher) ein Patent erteilt. Mitte der 1930er Jahre kam das Modell „MP“, der Schwaben-Motorpflug, hinzu, zu dem auch eine Anbaufräse erhältlich war. Bis 1945 lieferte IRUS rund 80 000 Mühlen und 2 000 Motormäher aus.

Nach Kriegsende gelang es unter großen Schwierigkeiten, Material für einen Neubeginn zu beschaffen. Aus der Zahnradfabrik Karlsruhe, die kurz vor dem Abbau und der Verladung auf Eisenbahnwaggons stand, konnten im letzten Moment Maschinen zur Herstellung von Zahnrädern zurückgehalten und nach Dusslingen gebracht werden. Mit der Währungsreform im Juni 1948 begann auch für IRUS ein neuer wirtschaftlicher Aufschwung. Die Firma wurde zum Synonym für Einachsmäher und Einachsschlepper und förderte die Motorisierung in den kleinbäuerlichen Betrieben Baden-Württembergs. Aber auch international fanden IRUS-Geräte in vielen Ländern Verbreitung.

Für den gewerblichen Dauereinsatz ist der IRUS-Motormäher Typ „KMR III“ ausgelegt, ausgerüstet mit 7 PS-Zweitaktmotor und Schnittbreiten bis 160 cm

IRUS begann mit der Herstellung von Getreide- und Großkaffeemühlen. Diese Schrotmühle, angetrieben über Riemenscheibe, war ein Erfolgsprodukt

Umfangreiches Lieferprogramm

Anhand der noch vorhandenen Prospekte und Preislisten lässt sich für die Zeit zwischen 1960 und 1985 ein recht umfangreiches Lieferprogramm an IRUS-Motorgeräten nachweisen, das private sowie gewerbliche Kundenwünsche abdeckt. Allen Produkten voran ist der IRUS-Kleinmäher „Micky“ zu nennen, von dem in Juni 1969 bereits 10 000 Stück das Werk in Dusslingen verlassen hatten. Das mit Fahrantrieb ausgerüstete Gerät ist für flaches und steiles Gelände gleichermaßen geeignet. Idealer Grasabfluss auch bei extrem langem Gras. Der 107 cm Mulchbalken wird von einem 2-Takt-Benzinmotor mit 3,5 PS angetrieben. Weitere Balkenmäher-Typen waren die IRUS-Bunny, Hobby, Schiebe-, Fahr- und Superboy sowie Rex.

Der Motormäher IRUS-Dolly ist mit Fichtel & Sachs-6 PS-Zweitaktmotor ausgestattet. Mit Doppelbereifung eignet er sich besonders für Arbeiten in Hanglangen

Als größere Balkenmäher bot IRUS an: Supermicky mit Ilo-Zweitakt-Benzinmotor, 5 PS, 120 cm Mulchbalken, Dolly mit 6 PS-Fichtel & Sachs-Zweitaktmotor, Motormäher BMR mit ACME-4-Takt-Benzinmotor, 6,8 PS oder Hirth-Zweitakt-Motor 7 PS; Motormäher KMR-III mit 7 PS MAG-Viertakt- beziehungsweise 7 PS Hirth-Zweitaktmotoren. Zweitaktmotoren der Firma Hirth in Benningen/Neckar (LK Ludwigsburg/BW) sind auch in den Jahren zwischen 1980 und 2000 anzutreffen. So finden sich zum Beispiel Göbler-Hirth- Motoren in GÖWO-Rasenmähern mit 98-141 ccm Hubraum und 3,2-4,9 PS. Auch in Tragkraftspritzen der Pumpen- und Feuerlöschtechnik GmbH Jöhstadt/Sachsen Typ ZL 1500 (625 ccm, 49 PS) sowie Tragkraftspritzen der Firma Albert Ziegler in Giengen/Brenz (BW) TS 2/5 Ultra Picco (164 ccm, 5,2 PS) und TS 8/8 Ultra Leicht (625 ccm, 49 PS) sind die robusten Hirth-Zweitakter eingebaut.

An Motorhacken standen Geräte von 3,5 bis 6 PS (Typen H 2, H 4, H 5, H 6) auf dem Programm. Für den Pflanzenschutz wurden Motor-Rückensprüh- und Stäubegeräte angeboten. Dazu heißt es im IRUS -Prospekt: „Moderne, vielseitige und leistungsfähige Helfer bei allen Pflanzenschutzarbeiten. Unentbehr-

IRUS hatte auch mehrere Motorhacken im Programm von der leichten Gartenhacke H 2 bis zum Professionellen Gerät H 5, H 6

lich im Garten-, Wein- und Obstbau – in Kaffee-, Tee-, Bananen-, Citrus- und Tabakplantagen- Bewährt beim Einsatz in der Landwirtschaft, im Forst- und Kommunalbetrieb."

Universal-Einachsschlepper

Als Universal- Einachsschlepper lieferte IRUS unter anderem folgende Modelle: U 300 und U 300 K mit 7 PS-Motor; U 400 und U 400 S wahlweise mit 7 PS-Hirth-Zweitakt- beziehungsweise 8,2 PS-ACME - Viertaktmotor; U 1200 mit 9 PS-Benzinmotor sowie 8 und 10 PS-Dieselmotor. Der Einachsschlepper U 1400 war mit einem 12,2 PS-Lombardini-Diesel ausgestattet. Auch noch heute nach immerhin 40 bis 50 Jahren leisten noch einige IRUS-Schlepper treue Dienste. So begegnete zum Beispiel dem Verfasser im Urlaub in Mittenwald/Oberbayern ein IRUS-Einachser U 1200, der mit zapfwellengetriebenem Anhänger Brennholz transportierte.

Ein älterer IRUS-Prospekt vermutlich aus der Zeit vor 1960 bietet den Motormäher Typ „ER" an, ausgerüstet mit 7 PS-Fichtel & Sachs-Zweitaktmotor. Dies Gerät diente auch zum Mähen von Getreide: „Die bewährte Getreideablage legt das Getreide sauber in

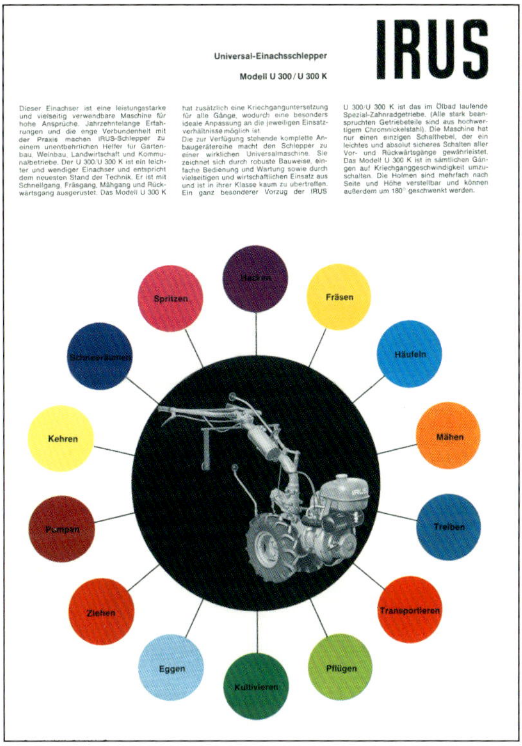

Besonders vielseitig einsetzbar sind die IRUS-Einachser „U 300 und U 300 K". Der Prospekt verdeutlicht 14 Arbeitsgebiete recht anschaulich

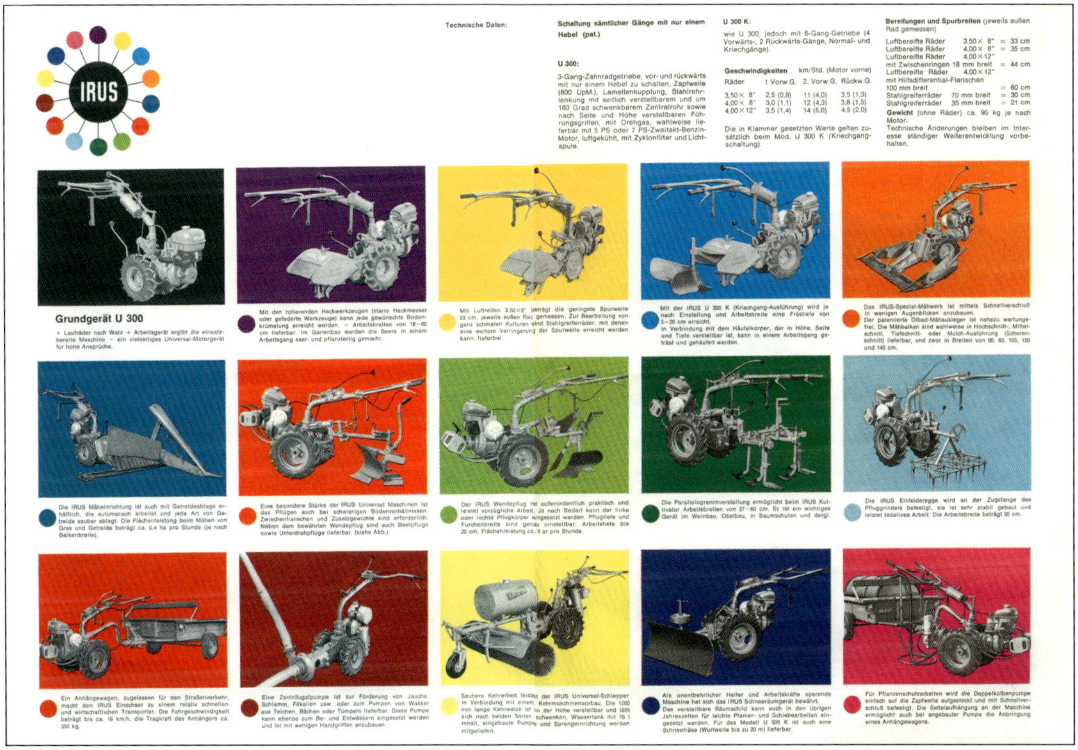

eine Mahd ab. Kräftige gebogene Handgriffe ermöglichen bequemes und angenehmes Führen der Maschine unabhängig von der Größe des Bedienungsmannes. Die Holzholmen fühlen sich zudem nicht kalt an, wenn in den frühen Morgenstunden gemäht wird. Viele Zehntausende unserer Kunden sind von den Holzholmen begeistert. Unübertroffene Haltbarkeit und Herstellung nach bewährtem Verfahren."

Das Mähen bereits in den frühen Morgenstunden geht auf die Zeit zurück, als diese Arbeiten noch per Hand mit Sensen bewältigt werden mussten. Man begann besonders früh im Morgengrauen, damit das größte Pensum geschafft war, ehe es in der Mittagssonne zu heiß wurde. Ein Morgen als Flächenmaß bedeutet ¼ Hektar = 2 500 Quadratmeter = 25 Aar und gibt in etwa die Fläche an, die in diesem Zeitraum von einer Person gemäht werden konnte. Im Vergleich zu einer Arbeitskraft, die mit der Sense mäht, schafft der IRUS-Motormäher Typ „ER" eine Mähleistung von etwa 30-40 Ar pro Stunde bei Gras und Getreide. Er kann wahlweise mit Normal-, Mittel- Tiefschnitt- oder Mulchbalken bis 140 cm Schnittbreite ausgerüstet werden. Durch sein geringes Eigengewicht ist auch an Steilhängen eine leichte Handhabung möglich. Aufgrund des Ölbad-Mähauslegers ist kein tägliches Abschmieren des Antriebsgelenkes von außen erforderlich. Eine serienmäßig eingebaute Zapfwelle dient zum Anschluss von Mähwerk, Spritz-, Beregnungs- und Jauchepumpe. Insgesamt ergibt sich damit eine leistungsstarke und vor allem vielseitig verwendbare Maschine.

Anzufügen sind noch die IRUS-Unitrac-Vierradschlepper, die in den 60er Jahren gebaut wurden, jedoch wesentlich geringere Stückzahlen als die IRUS-Einachser erreichten.

Ein Gerät: 14 Einsatzmöglichkeiten

Die vielseitigen Einsatzmöglichkeiten für IRUS-Einachsschlepper werden recht anschaulich in einem Prospekt für das Modell „U 300/U 300 K" dargestellt. „Der U 300/U 300 K ist ein leichter und wendiger Einachser und entspricht dem neuesten Stand der Technik. Er ist mit Schnellgang, Fräsgang, Mähgang und Rückwärtsgang ausgerüstet. Das Modell U 300 K hat zusätzlich eine Kriechganguntersetzung für alle

Die IRUS-Universal-Einachser „U1200 und U 1200 K" machen aufgrund ihrer Vielseitigkeit ihrem Namen alle Ehre

Links: **Der IRUS-Einachsschlepper „U 1400" mit 12,2 PS-Viertakt-Dieselmotor mit Elektrostart und 6-Gang-Zahnrad-Schaltgetriebe**

Charakteristisch für den IRUS-Motormäher „ER“ sind die Holzholme, die auch bei kalter Witterung ein angenehmes Arbeiten ermöglichen

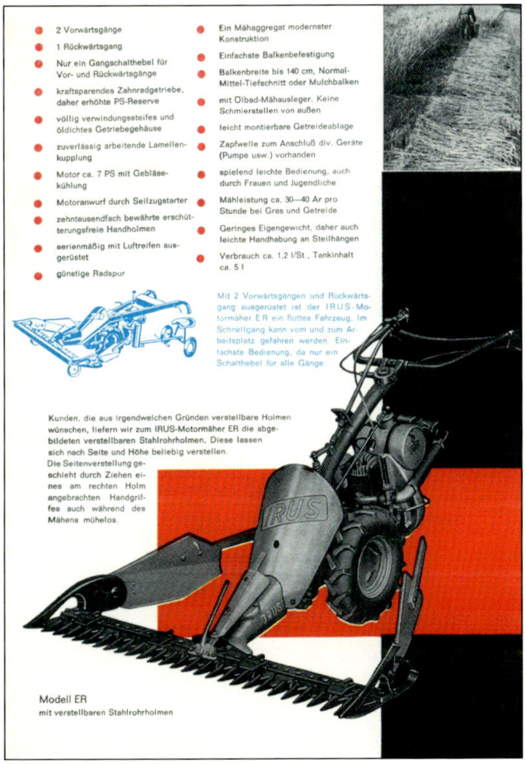

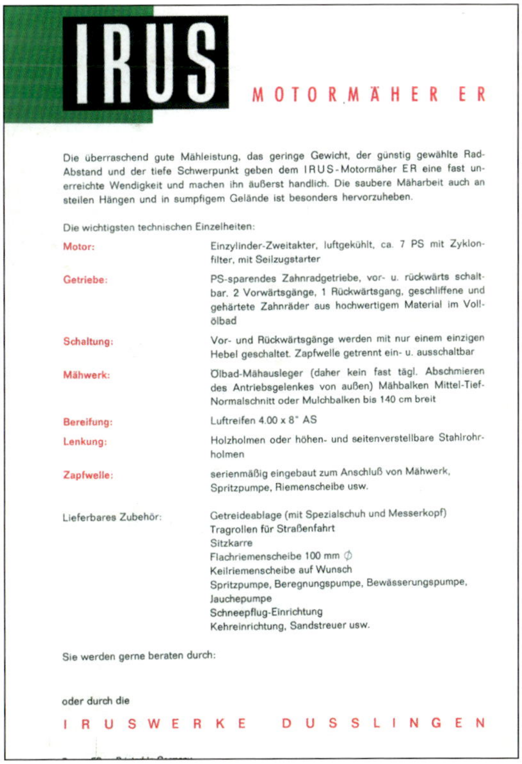
IRUS

MOTORMÄHER ER

Die überraschend gute Mähleistung, das geringe Gewicht, der günstig gewählte Rad-Abstand und der tiefe Schwerpunkt geben dem IRUS-Motormäher ER eine fast unerreichte Wendigkeit und machen ihn äußerst handlich. Die saubere Mäharbeit auch an steilen Hängen und in sumpfigem Gelände ist besonders hervorzuheben.

Die wichtigsten technischen Einzelheiten:

Motor:	Einzylinder-Zweitakter, luftgekühlt, ca. 7 PS mit Zyklonfilter, mit Seilzugstarter
Getriebe:	PS-sparendes Zahnradgetriebe, vor- u. rückwärts schaltbar. 2 Vorwärtsgänge, 1 Rückwärtsgang, geschliffene und gehärtete Zahnräder aus hochwertigem Material im Vollölbad
Schaltung:	Vor- und Rückwärtsgänge werden mit nur einem einzigen Hebel geschaltet. Zapfwelle getrennt ein- u. ausschaltbar
Mähwerk:	Ölbad-Mähausleger (daher kein fast tägl. Abschmieren des Antriebsgelenkes von außen) Mähbalken Mittel-Tief-Normalschnitt oder Mulchbalken bis 140 cm breit
Bereifung:	Luftreifen 4.00 x 8" AS
Lenkung:	Holzholmen oder höhen- und seitenverstellbare Stahlrohrholmen
Zapfwelle:	serienmäßig eingebaut zum Anschluß von Mähwerk, Spritzpumpe, Riemenscheibe usw.
Lieferbares Zubehör:	Getreideablage (mit Spezialschuh und Messerkopf) Tragrollen für Straßenfahrt Sitzkarre Flachriemenscheibe 100 mm ∅ Keilriemenscheibe auf Wunsch Spritzpumpe, Beregnungspumpe, Bewässerungspumpe, Jauchepumpe Schneepflug-Einrichtung Kehreinrichtung, Sandstreuer usw.

Sie werden gerne beraten durch:

oder durch die

IRUSWERKE DUSSLINGEN

Gänge, wodurch eine besonders ideale Anpassung an die jeweiligen Einsatzverhältnisse möglich ist. Die zur Verfügung stehende komplette Anbaugerätereihe macht den Schlepper zu einer wirklichen Universalmaschine." Diese Aussage wird durch das Prospekt-Layout geschickt verdeutlicht: Rund um den IRUS-Einachser U 300/U 300 K sind sternförmig 14 Einsatzgebiete angeordnet: Hacken, Fräsen, Häufeln, Mähen, Treiben, Transportieren, Pflügen, Kultivieren, Eggen, Ziehen, Pumpen, Kehren, Schneeräumen und Spritzen sind die Fähigkeiten dieser Maschine und ihrer Anbaugeräte.

Bis 1985 war die Firma IRUS in Dusslingen ein Produktionsbetrieb mit sehr hoher Tiefenfertigung. Das heißt, sämtliche Teile mit Ausnahme von Normteilen wurden im Werk selbst hergestellt. Ab 1985 ging das Unternehmen in neuen Besitz über. Die neuen Gesellschafter beschlossen, die Firma von der Tiefenfertigung auf Zulieferanten umzustellen. Insofern wurde unter dem Slogan „IRUS, die starke Marke" das Motorgeräte-Programm modifiziert: als Balkenmäher werden die Modelle BM 100, BM 150 (der altbewährte Micky!), BM 200 und BM 250 angeboten. Eine Neukonstruktion ist der Balkenmäher KM 300 speziell für den Einsatz an extremen Böschungen. Er ist wahlweise mit 6 kW (8,2 PS) Viertakt-Motor oder 8 kW (11 PS) Zweitakt-Motor ausgerüstet, besitzt 4 Vorwärts- und 2 Rückwärtsgänge, Differentialsperre, Lenkbremsen und ein Doppelmessermähwerk mit Arbeitsbreiten von 120 bis 160 cm. Weitere Anbaugeräte sind lieferbar.

Außerdem finden sich im neuen Programm drei Motorhacken: Typ MH 500, MH 520 und MH 560/580 sowie die Zugradhacke ZH 800. Bei den Einachsschleppern bleiben mit etwas verändertem Styling die Typen U 400 und U 1400 im Angebot. Außerdem wird das Pflanzensprühgerät K 45 offeriert sowie Schneefräsen und Kehrmaschinen. Aufgrund der Umstellung von Tiefenfertigung auf Zulieferanten genügte das alte Firmengebäude in Dusslingen in seiner Bauweise den neuen Anforderungen nicht mehr. Daher wurde die Planung eines neuen Industriebaus notwenig.

Neubau und Umzug

Statt Dusslingen wurde das 20 Kilometer südlich gelegene Salmendingen als neuer Standort gewählt. 1991 wurde mit den Bauarbeiten begonnen. Aufgrund eines frühen Wintereinbruchs auf der Alb verzögerte sich die Fertigstellung der neuen Fabrikhalle. Erst im Winter 1992/93 war der Umzug von über 30 000 Ersatz- und Maschinenteilen vollzogen. Das neue Gebäude in Salmendingen besteht aus einem Stahlträger-Gerippe mit Leichtbauelementen. Der Ausstellungstrakt erhält seine besondere Note durch eine umlaufende Verglasung, nur durch Sichtscheiben ist er mit dem Bürobereich verbunden. Auf über 3 000 m^2 Nutzfläche werden Ersatz- und Fertigungsteile für die Produktion gelagert. Besonders wichtig für die Firma IRUS ist eine hervorragende Ersatzteil-Bevorratung, so dass auch Motorgeräte versorgt werden können, die dreißig Jahre und älter

Gleich mehrere IRUS-Geräte waren bei einem Trecker-Treffen in Berumerfehn (Ostfriesland) zu sehen. Für Norddeutschland dürfte das inzwischen wohl eine Seltenheit sein!

Die IRUS-Einachser Typ F 1 und F 3 haben jeweils einen 4 PS-Motor der Firma Kleinmotoren GmbH und sind beide Baujahr 1953

sind. Die Produktion bzw. Endmontage erfolgt nicht mehr am Fließband, sondern an Gruppenarbeitsplätzen. Zurzeit sind im Betrieb knapp 30 Arbeitskräfte beschäftigt.

Spezialisiert hat sich IRUS auf die Produktion von professionellen Mäh- und Landschaftspflegegeräten. Bei den Balkenmähern, die auch als Kehrmaschine und Schneeräumer eingesetzt werden können, werden die Modelle „BM 90, BM 160, BM 191, BM 260 und BM 270" angeboten. Damit sind die Bereiche Hobby, Landwirtschaft und kommunaler beziehungsweise Profi- Einsatz abgedeckt. Bei den Motorhacken beschränkt sich IRUS auf zwei kleine Modelle für den privaten Gebrauch. Die Universal-Einachsschlepper sind mit vier Typen vertreten: U 191, U 403, U 410 und U 1402.

Statt Lenkrad Funksteuerung

Als Kommunal-Geräteträger sind die Modelle „KM 310 und KM 340" für Arbeiten an Böschungen und Steilhängen geeignet. Meisterstücke unter den hydraulischen Einachsern, ausgestattet mit elektrischer, wartungsfreier Kupplung, Achsverstellung und Elektrostart, sind die Kommunal-Geräteträger „Hytrak, Unitrak und Komtrak". Sahnehäubchen im IRUS-Programm sind jedoch die beiden funkgesteuerten Geräteträger „Deltrak" und „Quatrak". Diese Weltneuheiten wurden erstmals 2009 auf der Fachmesse „demopark" in Eisenach vorgestellt.

Hierbei handelt es sich um hochmoderne Geräteträger, welche vorwiegend zum Mähen und Pflegen von steilen Böschungen, Parkanlagen und Straßenbegleitgrün eingesetzt werden. Durch die Steuerung der Maschine per Funk wird das Unfall- und Verletzungsrisiko für den Bediener auf ein Minimum reduziert. Der elektronisch gesteuerte Vierrad- beziehungsweise Raupenantrieb gewährleistet bestmögliche Bodenschonung und Hangtauglichkeit. Es bleibt abzuwarten, wie sich diese völlig neuen Konzepte am Markt durchsetzen können, zumal private und öffentliche Investoren derzeit mit größeren Neuanschaffungen zurückhaltend sein dürften.

Acht IRUS-Oldtimer in einer Hand

Trotz aller Weiterentwicklungen und Neuerungen dürfte die Anzahl von IRUS-Geräten in Norddeutschland recht gering sein. Daher stellt sich insbesondere für den Oldtimerfreund die Frage, wo heute

Der IRUS-Einachser U 900 mit Roeder-Triebachsanhänger und Hirth-Zweitakt-Dieselmotor stammt von 1959

Einige der IRUS-Einachser von Theo Werner in „Parade-Aufstellung“

noch IRUS-Maschinen vorhanden sind. Auf einem Trecker-Treffen in Berumerfehn (LK Aurich/ NS) im Juli 2009 lernte der Verfasser Herrn Theo Werner aus Großheide kennen, der gleich mehrere IRUS-Einachser besitzt. Auf einigen Geräten klebt auch noch das Schild der damaligen Werksvertretung Heinz Kalkus, die früher in Bremen bestand. Folgende IRUS-Modelle gehören zur Sammlung von Herrn Werner: Auflistung nach Baujahren: IRUS-Einachser Modell M Sachs-Zweitaktmotor, 8,5 PS (1947); IRUS U 600 mit 6,5 PS-TWN-Motor (= Triumph-Werke, Nürnberg) (1951); IRUS Typ F 1 und F 3, beide mit 4 PS Firma Kleinmotoren GmbH (1953); IRUS U 600 mit Hirth-Zweitakt-Dieselmotor; Baujahr 1956, Erstbesitz; IRUS U 900 mit Hirth-Zweitakt-Dieselmotor und Roeder- Triebachsanhänger (1959); IRUS U 1 200 K (= Kriechgang) mit Kartoffel-Schleuder-Roder und Hirth-Zweitakt-Benzinmotor (1962); IRUS-U 300 mit 7 PS-Hirth-Benzinmotor; IRUS U 1 200 mit 10 PS-Hatz-Viertakt -Dieselmotor (1971).

Ein solches IRUS-Ensemble mit 8 Einachsern in der Hand eines Eigentümers dürfte schon etwas Besonderes sein! Selbstverständlich hat Theo Werner schon viele Oldtimer-Treffen besucht und kennt das ehemalige Fabrikgelände in Dusslingen und den neuen IRUS-Standort in Salmendingen. Als gelernter Kfz-Schlosser hält er seine gesamte „IRUS-Parade“ betriebsbereit in Schuss und setzt auch noch einige seiner Veteranen für leichte landwirtschaftliche Arbeiten ein. So sprang auch der IRUS U 900 mit Triebachsanhänger, per Handkurbel gestartet, sofort anstandslos an.

Das Deutsche Landwirtschaftsmuseum Hohenheim bei Stuttgart veranstaltete am 12. September 2009 den 15. Hohenheimer Feldtag mit dem Thema „Faszination Traktoren“. Auf dem Gelände des Meiereihofes in unmittelbarer Nähe von Schloss Hohenheim erlebten mehrere Tausend Zuschauer über 70 agrarische Meilensteine im Praxisbetrieb. Die Palette der aufgefahrenen Traktoren reichte vom Lanz Bulldog HL 12, Baujahr 1923 bis zu modernen John Deere-, Fendt-, Claas- und Case-Großtraktoren. Natürlich gehörte auch ein IRUS-Patent-Motormäher mit zum Vorführprogramm. Das dreirädrige Gerät erinnert fast an einen Aufsitzmäher. Es ist mit einem 1-Zylinder-2-Takt-6 PS-Fichtel & Sachs-Motor ausgestattet und dürfte aufgrund seines hohen Alters (Baujahr 1940!) heute nur noch selten anzutreffen sein.

Bereits auf dem 3. Hohenheimer Feldtag im Juni 1997 beeindruckte dieses IRUS-Dreirad die zahlreichen Zuschauer. Der 300 ccm Zweitaktmotor schafft es, sowohl das Fahrzeug als auch den Messerbalken anzutreiben, „den es vom hohen Bedienersitz aus mit festem Griff ein- und auszuheben gilt. Obering. Klaus Lutz vom Institut für Agrartechnik hatte da allerdings keine Probleme. Meisterlich erfolgte ein sauberer Grasschnitt bei beachtlicher Fahr- und Arbeitsgeschwindigkeit, was seitens des Publikums mit einem Sonderapplaus belohnt wurde. Einzig der Oldtimer-Zweitaktmotor passt nach Geräusch und Abgas kaum mehr in die heutige Zeit. Da schnarrte und qualmte es, wie zu Zeiten, als in Lärm und Qualm noch Zeichen von Dynamik und Leistung gesehen wurden!" (Rückschau von Dr. Klaus Herrmann im Goldenen Pflug, Heft 8. 1998).

Das Landwirtschaftsmuseum Hohenheim besitzt noch weitere IRUS -Geräte in seiner Sammlung bzw. im Depot. Als Getreide-Mähmaschine ist ein IRUS-Motormäher, eisenbereift mit Sitzkarre, vermutlich Modell E, Baujahr etwa 1955, ausgerüstet. Außerdem gehört ein IRUS-Motormäher mit 6 PS, Baujahr etwa 1958, zum Bestand. Bemerkenswert an diesen Geräten sind die hölzernen Handgriffe, auf deren Vorzüge bereits hingewiesen wurde. Zum Abschluss zwei kleine Verse zu IRUS-Produkten:

„IRUS-Mühlen mahlen auf Stein
den Kaffee türkisch fein."

„Warum sich wochenlang schinden und plagen,
wenn's IRUS schafft in wenigen Tagen."

Dank an Theo Werner, Großheide und Dr. Klaus Herrmann, Deutsches Landwirtschaftsmuseum Stuttgart-Hohenheim für die freundliche Bereitstellung von Infos und Fotos.

IRUS-Kommunal-Geräteträger KM 300, Baujahr 2000

IRUS-Patent-Motormäher mit Fichtel & Sachs-Aufbaumotor, 6 PS, Baujahr 1940 (Foto: Dr. Klaus Herrmann)

IRUS-Motormäher, eisenbereift mit Sitzkarre, als Getreide-Mähmaschine, etwa 1955 Foto: Dr. Klaus Herrmann

IRUS-6 PS-Motormäher, Baujahr 1958 Foto: Dr. Klaus Herrmann

Der Farm Express, das Farmobil und die Ponnys

Landwirtschaftliche Universalfahrzeuge

von Oliver Aust

Eicher Farm Express

1901 begann die Geschichte einer der populärsten Schlepperfirmen aller Zeiten. Josef Eicher gründete in Forstern eine Reparaturwerkstatt für landwirtschaftliche Maschinen und übernahm wenig später auch noch eine Vertretung für Opel. Josef Eicher junior und Albert Eicher, die Söhne des Firmengründers, überlegten schon früh, wie die Arbeit für die Landwirte erleichtert werden könnte. Neben vielen Konstruktionen auf der Basis von Pkw brachten die Brüder 1953 erstmals einen Dreiradschlepper auf den Markt. Schnell folgte der erste Traktor mit Deutz-Motor mit 20 PS. Der erste Eicher-Schlepper mit Prometheus-Triebwerk und einem Deutz-Motor vom Typ F2 M 414 folgte im Jahr 1936. 1941 wurde die Firma umfirmiert in Gebrüder Eicher Traktorenbau OHG. Von 1942 bis 1945 produzierte das Unternehmen aufgrund der Dieselknappheit, die durch den Krieg verursacht wurde, Holzgasschlepper.

Nach dem Zweiten Weltkrieg kam die Traktorenproduktion bei Eicher so richig in Gang. Nun produzierte das Unternehmen auch eigene Motoren für verschiedene Hersteller. Es folgten Schlepper, wie der Eicher 20 und der Eicher 25 und bald wurde die Herstellung des 2000sten Schlepper gefeiert. Durch den Erwerb des Farmag Werkes in Dingolfing begann Eicher zusätzlich mit dem Bau von Landmaschinen. 1955 wurde der Motor ED 2 e präsentiert, der im ED

Eicher Farm Express mit einer Leistung von 54 PS

Seine Nutzlast betrug 1,5 t, die Ladefläche 3 m²

30 verbaut wurde. Zudem begann in dieser Zeit die Produktion des ersten Geräteträgers G16 Kombi. 1957 erschienen die ersten Dreizylinder-Schlepper, der ED 50 mit 50 PS Leistung und der ED 60 mit 60 PS. 1958 verließ bereits der 30 000ste Schlepper das Werk in Forstern. 1959 begann man mit dem Bau der erfolgreichen Raubtierserie, 1960 brachte Eicher aufgrund der Nachfrage von Schleppern in Sonderkulturen den ersten Schmalspurschlepper, den Puma ES 200, auf den Markt.

Auf der DLG-Ausstellung in München 1962 präsentierte das Unternehmen den Farm Express. Dieses Fahrzeug sollte als schnelles Transportfahrzeug in der Landwirtschaft dienen. Der Farm Express war mit einem ausgesprochen sparsamen EDK-Vierzylinder-Motor mit 54 PS ausgestattet, der dem Farm Express zu 60 km/h Höchstgeschwindigkeit verhalf. Als Getriebe verwendete Eicher ein ZF-Synchrongetriebe mit vier Vorwärtsgängen und einem Rückwärtsgang. Das Fahrgestell dieses Fahrzeugs wurde mit einer äußerst stabilen Rahmenkonstruktion aus U-Profilen gefertigt. Die starren Achsen waren blattgefedert. Die Ladefläche des fasste 3 m² und die Nutzlast lag bei 1,5 t. Der Farm Express besaß vorne eine kleinere Bereifung als hinten. Vorne konnte zwischen den Größen 7.00 x 16 und 7.50 x 16 gewählt werden. Hinten wurde ausschließlich die Größe 10 x 20 mit Allzweckprofil verwendet. Die groß bemessenen Öl-

Das Cockpit war übersichtlich angeordnet

Die Sitzbank bot genügend Platz für drei Personen

druckbremsen, die auf alle vier Räder wirkten, sorgten für die nötige Sicherheit des Fahrzeugs. Das Fahrerhaus übernahm Eicher vom Tempo-Matodor. Im Innenraum des Farm Express befand sich eine durchgehende Sitzbank, die Platz für drei Personen bot.

Bereits 1963 erschien der inzwischen weiter entwickelte Eicher Express mit EDK 4-Motor, der mit einer Leistung von 54 oder 60 PS ausgeliefert wurde. Das Führerhaus wurde ein wenig verändert. Die bis dahin eckigen Lampen wurden abgerundet und die Blinkleuchten darunter montiert. Außerdem bestand die Option auf ein Fünfgang-Getriebe von ZF.

Eicher ließ auf diesem Sektor weitere Entwicklungen folgen. So wurde aus dem Eicher Farm Express der Lastwagen Transexpress. Er besaß ein zulässiges Gesamtgewicht von 5,8 t und eine Motorleistung von 65 PS. Gefahren werden konnte er mit der Führerschein Klasse III. Durch die Kooperation mit Magirus wurde der Transexpress ab 1966 mit Deutz-Motoren ausgestattet. Das 7,5-t-Fahrzeug wurde nun mit den ersten Sechszylinder-Motoren ausgestattet, die bis zu 120 PS leisteten. Als Eicher in das neue Werk nach Landau zog, wurde die Produktion der Lkw eingestellt, da die benötigten Stückzahlen nicht erreicht wurden, die die Produktionskosten gedeckt hätten.

Das Farmobil

Die Entwicklung

1938 hatte die Firma Fahr, die bereits 1987 von Johann Georg Fahr in Gottmadingen gegründet worden war, mit der Traktorenproduktion begonnen. Anfang der fünfziger Jahre kam der erste Selbstfahrmähdrescher, der bereits ein Jahr später in Serie ging. Das Geschäft boomte. Das Unternehmen kaufte mehrere seiner Zulieferer auf und baute Montagewerke in Griechenland (Saloniki) und Argentinien.

Um die Produktpalette weiter auszuweiten, überlegte das Unternehmen, ein landwirtschaftliches Transportmittel zu entwickeln. Hierzu hatte die Firma klare Vorstellungen. Das Fahrzeug sollte ein Transporter mit vier gleich großen Rädern sein und mindestens 20 PS Leistung haben. Das Getriebe sollte mindestens fünf Gänge besitzen, der erste Gang für das Gelände tauglich sein. Das Fahrzeug musste ausreichend Platz für zwei Leute bieten und zudem eine große Ladefläche besitzen. Fahr betraute einen deutsch-französischen Industriedesigner namens Lepoix mit diesem Projekt. Bereits 1953 existierten erste Zeichnungen von der Karosserie, die dem Aussehen der BMW-Isetta glichen. Weitere Entwürfe zeigten ein offenes Fahrerhaus und abnehmbare Türen. Nun machte sich Lepoix Gedanken zur Technik. Ende 1954 übergab der Konstrukteur sein Konzept für das neue Transportfahrzeug an Fahr. Doch dieses Konzept entsprach nicht den Vorstellungen der Firma aus Gottmadingen. Es glich eher einem Freizeitmobil als einem landwirtschaftlichen Nutzfahrzeug. Fahr beauftragte eigene Konstrukteure mit der Weiterentwicklung. Bereits 1957 erwarb Petros Kontogouris, dessen Unternehmen Nutzfahrzeuge herstellte, von Fahr die Lizenz zum Bau des Farmobils. Auf der 1959 stattfindenden Landwirtschaftsausstellung waren einige Bestellungen für das Farmobil eingegangen, jedoch existierten bis dahin lediglich 15 Prototypen des Farmobils 700, die für Härtetests und Breitenerprobung hergestellt worden waren.

Das Farmobil konnte universell eingesetzt werden

Dank der niedrigen Ladefläche konnten Fahrten an Hängen bewältigt werden

Ende 1960 begann eine schwierige Zeit. Der Traktorenhandel brach bei Fahr wie auch bei vielen anderen Traktorenherstellern dramatisch ein. Durch die enormen Expansionen, die das Unternehmen bis dato getätigt hatte, geriet das Unternehmen in finanzielle Schwierigkeiten. Es fehlte weiteres Geld für die Produktionsvorbereitungen des Farmobils. So gründete Petros Kontogouris 1961 in Saloniki das Unternehmen Farco, welches die Produktion des Farmobils übernehmen sollte. Endlich wurde mit der Serienproduktion des Fahrzeugs begonnen. Es wurde zwar in Griechenland produziert, war aber keineswegs für diesen Markt vorgesehen. Stattdessen wurde das Farmobil in verschiedenste Länder exportiert. 1963 wurde Farco von Chrysler übernommen. Chrysler setzte die Produktion des Farmobils bis 1966 fort. 1 000 Exemplare des auf Basis von Fahr entwickelten Farmobils wurden bis dahin verkauft. Durchsetzen konnte sich das Fahrzeug aber nicht.

Die Technik

Für die Fahr sollte das Farmobil die wirtschaftliche Lösung der Transportprobleme in der Landwirtschaft bringen. Es diente als Kleintransporter für Mensch, Tier und Material. Farmobil war die sinngemäße Kurzform von Farm-Mobil. Ein Fahrzeug also, das auf die vielseitigen Einsatzverhältnisse auf dem Lande zugeschnitten war. Es sollte auch als Schnelltransporter für Gewerbebetriebe interessant sein.

Das Farmobil war mit einem sparsamen Zweizylinder-Viertakt-Boxermotor von BMW ausgestattet, der sich im Heck des Fahrzeugs befand. Der Hubraum betrug 582 cm^3. Die Ventile waren V-förmig im Zylinderkopf hängend angeordnet. Das Farmobil leistete 20 PS bei 4500 U/min. Die Höchstgeschwindigkeit des Fahrzeugs betrug 85 km/h und das Steigvermögen im ersten Gang 35 Prozent bei 1000 kg Gesamtgewicht. Bei einer Person lag das Steigvermögen bei 65 Prozent. Selbst Fahrten an steilen Hängen konnten noch quer durchgeführt werden.

Das Getriebe des Farmobils hatte vier Gänge mit Rückwärtsgang, wobei alle Vorwärtsgänge vollsynchronisiert waren. Die Knüppelschaltung war in der Wagenmitte angebracht. Die Lenkung lieferte ZF. Mit der Einfinger-Schneckenlenkung war eine Lenkradumdrehung von 3.21 möglich. Die Spurstange war dabei geteilt. Die Fußbremse wirkte auf alle vier Räder, die Handbremse auf die Hinterräder. Für überraschend gute Fahreigenschaften sorgte die Super-Progressivfederung. Selbst in beladenem Zustand wurden alle Unebenheiten von den ölhydraulischen Stoßdämpfern auf Vorder- und Hinterachse geschluckt. So verhinderte man eine Beschädigung des Ladeguts und bot Fahrer und Beifahrer optimalen Komfort.

Das Farmobil verfügte über eine besonders günstige Gewichtsverteilung, da der bewährte BMW-Motor mit Getriebe und Achsantrieb, wie bereits erwähnt, im Heck eingebaut war. Das Triebwerk bildete so ein natürliches Gegengewicht zu den vorn sitzenden Personen. Außerdem hatten die Hinterräder bei Leerfahrten auf diese Weise stets genügend große

Das Prospekt zeigt das Farmobil als Verkaufswagen

Die Super-Progressivfederung sorgte bei Unebenheiten für perfekte Fahreigenschaften

Hier wird die enorme Wendigkeit des Farmobils demonstriert

Bodenhaftung. Bis zu 500 kg Zuladung einschließlich Fahrer konnte das Farmobil aufnehmen. Durch die große niedrige Arbeitsfläche lag das Transportgut zwischen den Achsen und wurde so äußerst schonend transportiert. Reichte die mittlere Ladefläche nicht aus, dann konnte noch auf die Motorabdeckfläche geladen werden. Das Farmobil war ein Frontlenker mit bester Sicht nach vorn. Ein Vorteil, der sich besonders auf stark ausgefahrenen Wegen und bei Hindernissen auszahlte. Die glatte Unterseite des Fahrzeugs schonte zum Beispiel die Jungpflanzen bei Arbeiten in Reihenkulturen. Außerdem war die Bodenfreiheit groß und begünstigte solche Arbeiten. Die gut bemessene Ladehöhe und -fläche brachten für das Be- und Entladen eine enorme Arbeitserleichterung. Auf Seitentüren zur Ladefläche konnte verzichtet werden, da die Gesamthöhe des Fahrzeugs mit 1550 mm sehr niedrig gehalten war.

Zur standardmäßigen Ausrüstung des Farmobils gehörte die Frontwand, eine Sekuritfrontscheibe mit Großscheibenwischanlage, ein Tachometer mit Anzeigeleuchten für Blinklicht, Ladekontrolle, Öldruck, Fernlicht, eine Heizung und ein Reserverad. Optional war das Allzweckfahrzeug aber mit einem Verdeck ohne Türen, einem Verdeck mit Halbtüren und Aufsteckfenster, einem Kombiverdeck und mit Ladepritsche lieferbar.

Die Nutzlast lag bei 500 kg

Fahrzeugdaten des Farmobils

Radstand	1760 mm
Spurbreite	1350 mm
Wendekreis	ca. 10 m
Leergewicht	500 kg
Nutzlast	500 kg
Zulässiges Gesamtgewicht	1000 kg
Zulässiger Vorderachsdruck (für Reifen 5,20-12)	650 kg
Zulässiger Hinterachsdruck (für Reifen 5,20-12)	650 kg
Leistungsgewicht	25 kg/PS leer
Leistungsgewicht	50 kg/PS voll
Fahrzeuglänge	3200 mm
Fahrzeugbreite	1600 mm
Fahrzeughöhe	1550 mm (halbeingefedert)
Bodenfreiheit	230 mm (halbeingefedert)

Dieses Farmobil gehörte zur Werkfeuerwehr der Klöckner-Humbold-Deutz AG in Gottmadingen. Es wurde dort von 1960 bis 1961 in 17 Exemplaren gefertigt. Von 1961 bis 1966 setzte sich die Produktion in Saloniki fort. Insgesamt wurden 1000 Exemplare gefertigt

Das Farmobil

Die Ponnys

Mit dem Bau einer Schmiede begann im Jahre 1863 die Geschichte der Firma Platten in Bad Peterstal. Der Großvater von Alfons Platten hatte bereits damals erkannt, dass die mühsamen Transporte mit Schubkarre oder gar einem Pferd in den Bergen nicht die Lösung sein konnte. So entwickelte er ein einfaches Transportfahrzeug, das mit einer Hinterachse von Opel ausgestattet wurde. Den Motor entnahm er Kriegsmotorrädern von NSU. Der Tüftler stattete das Fahrzeug mit einem Vorwärts- und einem Rückwärtsgang aus und hatte damit ein Fahrzeug geschaffen, das mühelos den Transport am Berg bewältigen konnte und somit dem Bauer eine enorme Arbeitserleichterung verschaffte. Die Firma Platten verstand es, Kundenwünsche in kürzester Zeit in die Realität umzusetzen. Stetig wurde die Entwicklung dieses Fahrzeugs vorangetrieben und technisch wurde es kontinuierlich verbessert.

Nach vielen Jahren der Entwicklung und zahlreichen immer ausgereifteren Modellen wurde das Ponny P1 geboren, das erstmals 1956 gebaut wurde. Der Name entstand aus dem Gedanken, dass dieses Fahrzeug die Pferde ersetzen sollte. Im Ponny wurden Opel Olympia-Hinterachsen, ein Dreiganggetriebe und ein 250-cm^3-Hirth-Zweitaktmotor mit Startlader untergebracht. Allerdings wurden in der langjährigen Produktionszeit aufgrund von Ersatzteilproblemen auch andere Motoren in diese Fahrzeuge eingebaut, wie zum Beispiel die von Sachs, Benning und Ilo. Der Enkel des Firmeninhabers, Alfons Platten, trieb die Entwicklung des Ponnys weiter voran. So wurden von 1959 bis 1975 weitere Modelle vorgestellt, unter anderem das Ponny II mit 10 PS, Ponny III mit 15 PS, Ponny IV mit 15 PS, Ponny IV mit 16 PS und das Ponny IV mit 23 PS. Aus einem Prospekt geht hervor, dass diese Dreiräder bereits mit Dieselmotoren ausgestattet waren.

Eine weitere Konstruktion der Firma Platten war das Ponny-Diesel, das besonders auf die Bedürfnisse der Bergbauern abgestimmt war. Dieses Allzweckfahrzeug besaß vier Räder. Es war Transportfahrzeug und Arbeitsmaschine in einem. Die große Ladefläche ersparte die Mitführung eines Anhängers. Das niedrige Eigengewicht von 790 kg erlaubte das Fahren auch auf weichem Untergrund. Der Ponny-Diesel hatte eine Nutzlast von 1,2 t. Der MWM-Viertakt-Dieselmotor leistete 15 PS. Das Sechsgang-ZF-Getriebe hatte zwei Rückwärtsgänge. Zudem war das

Ponny Diesel mit 790 kg Eigengewicht

Ponny als „Cabrio“ mit Seitenmähwerk und als Lieferwagen mit 1,2 t Nutzlast

Fahrzeug mit einer Zapfwelle und einer Differentialsperre ausgestattet. Die Kupplung stammte von Fichtel & Sachs. Als Lenkung diente ein Fulmina-Lenkgetriebe, das auf die Vorderräder wirkte. Eine Fußbremse, die auf die Hinterräder wirkte, sorgte für die nötige Sicherheit. Optional konnte aber auch eine Einzelradbremse als Lenkbremse, eine Feststellbremse oder eine Vierrad-Öldruckbremse erworben werden. Das Fahrzeug wurde mit einer pendelnd aufgehängten, in sich gefederten Vorderachse geliefert. Die Bereifung vorne war 5,00 x 16 AS und hinten 7,50 x18 AS extra spezial. Das Ponny-Diesel wurde mit aufklappbarer Ladepritsche geliefert, deren hydraulische Kippvorrichtung (hand- oder motorbetätigt) ein schnelles Abladen an jeder gewünschten Arbeitsstelle gewährleistete. Arbeitsgeräte wie Pflug, Mähwerk, Spritzpumpe, Seilwinde und so weiter konnten leicht angebaut werden. Den Bergbauern leistete Ponny besondere Dienste, da er in Verbindung mit der Seilwinde jede Arbeit am Berg bewältigen konnte. Als Sonderausrüstung gab es eine Riemenscheibe, ein Schädlingsbekämpfungsaggregat, eine hydraulische Kippvorrichtung, ein Mähwerk, ein Anbaupflug und ein geschlossenes Führerhaus. Das Ponny-Diesel war besonders für den Winzer geeignet, da man auf die Ladefläche ein Spritzfass setzen und die Motorpumpe anblocken konnte. Hierdurch wurde es zu einem Universalfahrzeug für höchste Ansprüche.

Aufgrund der schlechten Lage der Produktionshallen der Firma Platten (hoher Lärmfaktor und fehlender neuer Produktionsstandort) schloss die Firma 1998 ihre Tore. Die Ersatzteilbeschaffung für alle Ponnys wurde aber durch Herrn Alfons Platten bis heute gewährleistet. In Bad Peterstal kann man das Ponny noch heute im dort ansässigen Museum bewundern.

Die Ladefläche war hydraulisch kippbar

Das dreirädrige Ponny III mit 15 PS und kippbarer Ladefläche

Traktoren in Feuerwehrdiensten

Ein Bilderbogen

von Udo Paulitz

Für Traktoren zählen Einsätze im Feuerwehrdienst kaum zu den typischen Aufgaben. Und doch gab und gibt es sie - vereinzelt sogar heute noch und sogar häufiger, als man dies zunächst vermuten könnte. Vor allem bei kleinen Feuerwehren in Dörfern und ländlichen Gemeinden, bei denen nur ein geringes Einsatzaufkommen zu erwarten ist. Diese Wehren verfügten im Regelfall nur über eine Minimalausrüstung an Löschgeräten, denn sie waren meistenteils nicht finanzkräftig genug, um sich ein ausgewachsenes Feuerwehrfahrzeug leisten zu können. Überwiegend beschränkte sich diese Ausrüstung auf den einachsigen Tragkraftspritzenanhänger, dessen Beladung aus der Tragkraftspritze (TS 8/8) selbst, Saugschläuchen, B- und C-Schläuchen und weiteren Gerätschaften zur Wasserentnahme, Wasserförderung und Wasserabgabe besteht. Mit dieser in etwa der eines Tragkraftspritzenfahrzeugs entsprechenden Beladung kann zwar ein erster Löschangriff eingeleitet werden, der große Nachteil des TSA aber ist der nicht vorhandene Eigenantrieb.

Tragkraftspritzenanhänger wurden in den 1930er Jahren von der Feuerwehrgeräteindustrie entwickelt. In Leistung und Ausstattung waren sie zwar unterschiedlich, allerdings der Norm entsprechend ausgeführt. Sie trugen entscheidend dazu bei, den bisher noch überwiegend auf Handdruckspritzen basierenden Feuerschutz auf dem Lande entscheidend verbessern zu helfen. Die Wasserförderleistung der von Hand bedienten Spritzen war völlig unzureichend, denn die Fördermenge war von Muskelkraft und

Heute noch im Einsatz befindet sich dieser 1971 entstandene MF 133-Dieselschlepper, der bei der Freiwilligen Feuerwehr Kradenbach/Eifel als Zugfahrzeug für den 1977 gebauten, mit Steckleiterteilen nachgerüsteten Ziegler-Tragkraftspritzenanhänger eingesetzt wird. Der MF-Traktor verfügt über einen 35 PS starken wassergekühlten Dreizylinder Direkteinspritz-Diesel und ein 8/2-Gang Gruppengetriebe. Nach Auskunft des Wehrführers ist diese Art der Bestückung für das kleine Dörfchen völlig ausreichend

Nur noch als Zugfahrzeug für eine aus den Beständen des Luftschutzes stammende Magirus TS 8 dient dieser 1956 gebaute Lanz-Dieselschlepper des Typs D 1616, der einen liegenden Einzylinder-Zweitakt-Mitteldruckmotor mit 16 PS und ein 6/2-Gang Getriebe besitzt. Sowohl Traktor als auch Motorspritze sind Eigentum des Pumpenmuseums der Feuerwehr Stierstadt, das über einen reichhaltigen Bestand dieser Exponate verfügt

Ausdauer der Bedienungsmannschaft abhängig. Sie betrug im Höchstfall um die 300 l pro Minute – viel zu wenig, um größere Brände zu löschen. Daher darf es nicht verwundern, dass selbst kleinere Brände schnell außer Kontrolle geraten und mit diesen vorsintflutlichen Spritzen nicht mehr gelöscht werden konnten. Weitaus bessere Chancen hatte da eine Motorspritze – wenn sie nur schnell genug zum Einsatzort gebracht werden konnte.

Anfangs musste die auf einem Einachsanhänger verlasteten Spritzen recht mühsam per Handzug bewegt werden. Wesentlich schneller ging es mit den vertraglich geregelten Vorspanndiensten, bei denen ortsansässige Landwirte Zugtiere – meist waren dies Pferde – oder später Traktoren als Zugfahrzeug für den TSA stellten. Nicht selten mussten Bauer und Pferde erst von Feld geholt werden, sodass wertvolle Zeit verstrich. Des öfteren übernahm auch ein Fuhrunternehmer vor Ort diese Dienste. Besser hatten es allerdings jene Wehren, die ein eigenes Zugfahrzeug besaßen und nicht von Dritten abhängig waren. So sorgte selbst ein alter, ausrangierter und in Eigenleistung wieder hergerichteter Last- oder Lieferwagen für mehr Mobilität, zumal dieser auch Löschkräfte befördern konnte. Verschiedentlich war es auch möglich, die feuerwehrtechnische Ausrüstung auf dem Zugfahrzeug zu verlasten und so auf den TSA ganz zu verzichten. Gerne griffen die Wehren auf ältere, große Personenkraftwagen aus den 1920er Jahren zurück, die sie für Feuerwehrzwecke umbauten und als Zugfahrzeug für die auf Anhängern verlasteten Motorspritzen verwendeten. Diese Pkw waren wegen ihres hohen Kraftstoffverbrauchs auf dem normalen Markt nahezu unverkäuflich geworden, während sie bei den Feuerwehren noch Jahre, zuweilen sogar jahrzehntelang ihren Dienst versahen. Sie boten eine hinreichend große Leistungs- und Tragfähigkeit und wurden bei den Wehren nur wenig gefahren, sodass der hohe Verbrauch keine Rolle spielte. Ein Motorfahrzeug aber war in den 1930er Jahren bei den Feuerwehren ländlicher Regionen noch die große Ausnahme, denn die Automobilisierung machte hier nur langsame Fortschritte. Die von großem Mangel geprägten Kriegs- und Nachkriegsjahre sorgten dafür, dass sich in dieser Hinsicht zunächst kaum etwas ändern konnte.

Bereits in den seit September 1958 auch für die Lanz-Traktoren verwendeten grün-gelben John Deere-Farbgebung ausgeführt ist dieser Lanz-Dieselschlepper D 1616, der hier als Zugfahrzeug für einen mit zusätzlichen Schlauchhaspeln ausgerüsteten TSA einer Feuerwehr im Landkreis Neustadt/Weinstraße dient

Dieser von einem Fendt-Schmalspur-Allradtraktor 280 PA gezogene Tragkraftspritzenanhänger einer Ortsfeuerwehr im Landkreis Lauf/Pegnitz dürfte ebenfalls noch im Einsatzdienst zu finden sein. Der vermutlich erst in diesem Jahrtausend beschaffte Traktor verfügt über einen luftgekühlten Dreizylinder-Direkteinspritzdiesel von Deutz mit 80 PS und das 21/6-Gang-Vollsynchron-Gruppenschalttriebwerk von Fendt

Ein reinrassiger Lanz-Ackerluft-Bulldog D 7506 unbekannten Baujahrs wird hier vor einem von der im südbadischen Altdorf ansässigen Firma Feig-Fahrzeugbau erstellten Schlauchanhänger anlässlich eines Feuerwehrfestes verwendet. Der in großen Stückzahlen gebaute Glühkopf-Bulldog konnte aus seinem liegenden Einzylindermotor 25 PS erzeugen. Für den Feuerwehreinsatzdienst waren Lanz-Glühköpfe ohne elektrische Anlasszündung nicht gerade ideal, mussten sie doch im Alarmfall erst mühevoll und sehr zeitraubend gestartet werden

Hier ein 35 PS starker Lanz-Verkehrs-Bulldog D 8511 aus dem Jahr 1937, der mit einem 1941 entstandenen, noch in der ursprünglichen „tannengrünen“ Lackierung erhaltenen Tragkraftspritzenanhänger des Feuerwehrausrüsters G. A. Fischer, Görlitz auf einer Veteranenveranstaltung gesichtet wurde. Die früher bei Lohnunternehmern als Dreschbulldog eingesetzte Maschine, wurde mit Kotflügeln und einer Doppelsitzbank nachgerüstet

Dieser aus der Bauserie 1935/36 stammende Lanz-Ackerluft-Bulldog D 7506 ist noch mit den gewölbten Stehblechen ausgerüstet. Dieser Bulldog wurde noch nach seiner Dauerleistung von 20 PS klassifiziert, was einer Höchstleistung von 25 PS entsprach. Angehängt ist eine 1937 für die Freiwillige Feuerwehr Walburgskirchen im Landkreis Rottal-Inn in Niederbayern gebaute Lafettenspritze. Das museal erhaltene Gespann gehörte zu den Teilnehmern einer in Pfarrkirchen stattfindenden Oldtimerveranstaltung

Der Feuerwehrwehrmotorisierung zur Hilfe kam der seit den frühen 1950er Jahren sich in der Bundesrepublik vollziehende grundlegende Strukturwandel in der Landwirtschaft, bei der die Feldarbeit auch kleiner Höfe von der Gespannhaltung zunehmend auf Motorisierung und Mechanisierung verlagert wurde. Im gleichen Maße wie in dieser Zeit der gute alte Hafermotor durch die PS-stärkere Dieselkonkurrenz im landwirtschaftlichen Bereich ersetzt wurde, hielten auch Traktoren bei den Feuerwehren Einzug. Die schnell aufblühende Traktorindustrie sorgte dafür, dass schon bald Ackerschlepper in allem Leistungsgrößen in einem weitaus stärkeren Umfang als früher zur Verfügung standen. Davon profitierten natürlich auch die Ortsfeuerwehren auf dem Lande, die entweder einen Ackerschlepper heimischer Landwirte einsetzten, oder auch ein eigenes, meist gebrauchtes Fahrzeug erwarben. Mit einem Traktor als Zugfahrzeug konnte der Tragkraftspritzenanhänger nun weitaus schneller als zuvor an die Einsatzstelle gelangen. Im Regelfalle war man gegenüber einem herbeigerufenen Feuerwehrwagen aus dem Nachbarort deutlich schneller am Einsatzort. Der Traktor war zwar langsamer, dafür war sein Anfahrtsweg gewöhnlich auch nur sehr kurz, sodass der Geschwindigkeitsunterschied nicht sehr ins Gewicht fiel. Diejenigen Helfer, die auf dem Traktor keinen Platz fanden, eilten per Fahrrad oder zu Fuß zur Brandstelle. Vereinzelt verwendete man Traktoren auch zum Ziehen von Anhängeleitern. Für alle genannten Einsatzzwecke wurden in erster Linie Klein- oder Bauernschlepper mit Motorleistungen bis 25 PS bevorzugt.

Zusammen mit einem 1955 gebauten TSA bildete ein bereits mit Vierganggetriebe sowie einem Blaulicht ausgerüsteter, in RAL 3000 lackierter 11er-Deutz von 1948 zumindest noch Mitte der 1980er Jahre der westlich Minden gelegenen Freiwilligen Feuerwehr Hartum bei Bedarf für Traditionszwecke. Das Schlauchboot auf dem TSA lässt darauf schließen, dass sich der Anhänger noch im Einsatz befand. Was man angesichts des geringen Luftdrucks auf dem rechten Hinterreifen vom ansonsten gut instand gehaltenen Traktor nicht behaupten kann

Der Stolz der Freiwilligen Feuerwehr Cölbe-Schönstadt im Landkreis Marburg/Hessen ist eine von einem Holder-Traktor des Typs B 10 gezogener Tragkraftspritzenanhänger des Münchener Herstellers Robel. Der 1934 gebaute, für die Ortswehr beschaffte TSA besitzt einen wassergekühlten Zweizylinder-Zweitaktmotor des Herstellers Breuer mit 28 PS und kann pro Minute 1000 Liter Wasser fördern. Er stand bis 1969 im Einsatz und wurde 1984 fachkundig und aufwändig restauriert. 1990 wurde er erstmals auf einer Feuerwehrveranstaltung präsentiert. Um den Anhänger nicht von Hand bewegen zu müssen, fehlte ein Zugfahrzeug, das 1992 in Gestalt des abgebildeten Holder-Kleinschleppers gefunden wurde. Dieser ebenfalls wieder hergerichtete, mit Blaulicht und Glocke ausgerüstete Traktor besitzt einen Fichtel & Sachs-Einzylinder-Zweitakt-Diesel mit 10 PS Leistung und wurde für den Straßenverkehr zugelassen. Seither ist das schon weit herumgekommene Gespann ein gern gesehener Gast auf Feuerwehrtreffen

Bis weit in die 1960er Jahre war diese Ausrüstung bei kleinen und Kleinstfeuerwehren auf dem Land weit verbreitet. Heute sind diese Gespanne recht selten geworden, denn meistenteils haben schnellere Tragkraftspritzenfahrzeuge auf Transporter-Basis die Nachfolge angetreten. Trotzdem gibt es sie noch. Jetzt sind es allerdings aktuellere Schleppermodelle, die den TSA zum Einsatzort ziehen. Viel häufiger kann man mittlerweile Traktoren als Zugfahrzeuge für historische Motor- und Handdruckspritzen sowie für Tragkraftspritzenanhänger auf Feuerwehr-Veteranenveranstaltungen oder -jubiläen oder anderen Festivitäten antreffen. Denn die meist traditionsbewussten ländlichen Feuerwehren haben Oldtimertraktoren als Publikumsattraktionen entdeckt.

Besonders wenn die Bedienungsmannschaft mit historischen Uniformen, die Fahrzeuge mit Blaulicht und Fanfaren daherkommen, ist ihnen die Aufmerksamkeit sicher. Auf diese Weise bleibt so mancher ausgemusterte Schlepperveteran erhalten und kann seinen verdienten Ruhestand genießen, wenn er nur noch gelegentlich bei Festivitäten eingesetzt wird. Die oftmals 50, 60 Jahre und älteren Traktoren mit den teilweise noch älteren angehängten Motorspritzen stehen in der Publikumsgunst ganz oben und stehlen so manchem PS-strotzendem neuen Fahrzeug die Schau.

Ein 24 PS starkes Bautz-Schleppermodell mit Wetterschutzdach ist auf dieser Abbildung vor einer auf einem Einachsanhänger verlasteten Magirus-Liliput-Tragkraftspritze aus den 1930er Jahren zu sehen. Diese unter der Typenbezeichnung AL oder AW 240 geführten, wahlweise mit luft- oder wassergekühlten Zweizylindermotoren und einem 5/1-Gang Getriebe ausgerüsteten Bautz-Traktoren, befanden sich von 1956 bis 1959 im Programm dieses Herstellers

Sehr sauber und vorbildlich restauriert präsentiert sich dieser mit einem axialluftgekühlten Zweizylinder-MWM-Diesel mit 18 PS bestückte Bautz-Schlepper AL 180 aus dem Jahr 1957. Am Zughaken befindet sich ein von der Firma Heines in Gruiten gebauter TSA von 1962. Obwohl noch verhältnismäßig neuerem Datums, befindet sich der im Landkreis Mettmann zugelassene Traktor nebst Anhänger in Sammlerhand

Auch die Traktormodelle des unter dem Kürzel „Hela" bekannt gewordenen Lanz-Namensvetters Hermann Lanz, kamen sicherlich mehr als einmal zu der Ehre, in ihrem meist langen Arbeitsleben einen Feuerwehranhänger zur Einsatzstelle zu befördern. Dieser mit einem 12 PS starken Einzylinder-Diesel ausgerüstete D 112 mit angehängter Magirus-Zweirad-Motorspritze kommt allerdings nur noch bei Fahrzeugveranstaltungen zum Einsatz

Für den Feuerwehreinsatz konzipiert war dieser zu Beginn der 1950er Jahre von der Firma Ziegler ausgerüstete Anhänger, der mit Tragkraftspritze, Saug- nd Rollschläuchen sowie einem flexiblem Wasserbehälter beladen ist. Als Zugfahrzeug fungiert ein noch aus der Vorkriegszeit stammender MIAG-Schlepper LD 20 mit 20 PS Zweizylinder-Vorkammer-Diesel, ausgerüstet mit Verdeck, Mähwerk und Getriebezapfwelle (Aufnahme: Ziegler, Sammlung Paulitz)

Das Verkaufsprogramm des Feuerwehrausrüster Albert Ziegler in Giengen an der Brenz bestand in den frühen 1950er Jahren hauptsächlich aus Pumpen, Armaturen und Ausrüstungsgegenständen, die auch auf den ländlichen Bereich zugeschnitten waren. Dieses Foto zeigt einen mit Doppelsitzbank versehenen, zwischen 1937 und 1941 gebauten MIAG-Dieseltraktor LD 20 mit einem einachsigen Tankanhänger mit 1500 Liter Fassungsvermögen. Rechts im Bild ein besser unter dem Namen „Volksschlepper" bekannt gewordener Allgaier AP 17 der Bauserie 1951 bis 1953, der mit einer von der Zapfwelle angetriebenen, auf einem Einachsanhänger montierten Pumpe gekoppelt ist. Die Pumpe konnte entweder im Feuerwehrdienst oder für landwirtschaftliche Zwecke eingesetzt werden (Aufnahme: Ziegler, Sammlung Paulitz)

Den Abschluss dieses Bilderbogens soll eine seltene Aufnahme bilden, die eigentlich nicht in das Jahrbuch Traktoren gehört und thematisch eindeutig dem Thema Feuerwehren zuzuordnen ist. Durch den abgebildeten TSA ist allerdings ein Bindeglied zu diesem Bericht gegeben. Der Leser möge mir dies nachsehen. Auf dem in den frühen 1950er Jahren entstandenen Foto ist ein auf dem Ziegler-Werksgelände fotografiertes Gespann abgebildet, das aus einem Tragkraftspritzenanhänger mit Zugfahrzeug besteht. Der Pkw ist ein Ford-Vorkriegsmodell des Typs „Eifel" der Bauserie 1937 bis 1939, dessen Vierzylinder-Vergasermotor 34 PS aus 1172 ccm herausholen konnte. Die Höchstgeschwindigkeit betrug 100 km/h, allerdings ohne Anhänger. Obwohl die auftraggebende Feuerwehr nicht überliefert ist, kann dieses Bild als Symbol für Mangel und Improvisationsbereitschaft stehen, die bei den Feuerwehren auf dem Land noch bis weit in die 1950er Jahre vorherrschend waren (Aufnahme: Ziegler, Sammlung Paulitz)

Allrad-Schlepper im Landschafts-gartenbau

von Dr. Heinrich Ostarhild

Vielseitigkeit ist wohl das wichtigste Merkmal der im Landschaftsgartenbau verwendeten Traktoren. Denn es geht nicht um ausgesprochen schwere Zugkraft wie etwa bei der Bodenbearbeitung im Ackerbau, sondern um die Fähigkeit, die so unterschiedlichen Aufgaben des Landschaftsgärtners das ganze Jahr über bewältigen zu können. Das können ziemlich leichtzügige Arbeiten sein wie das einfache Rasenmähen, das kann aber schon leistungsaufwendig werden, wenn das Schnittgras unmittelbar nach dem Schnitt abgesaugt und direkt in einen Hochkipp-Aufbau-Sammelbunker gefördert werden soll. Wirklich schwere Arbeiten fallen auch beim Fräsen an oder bei Frontlader-Arbeiten im unbefestigten Gelände und schließlich mit der Schneefräse im Winterdienst. Zunehmend wichtig sind die hydraulischen Kraftheber für den Geräteanbau hinten und vorn sowie ausreichend vorhandene Hydraulik-Anschlüsse für die Arbeitsorgane der Anbaugeräte.

Standard-Allrad oder Voll-Allrad?

Natürlich weiß heute fast jeder Laie was „Allrad-Antrieb" bedeutet. Dazu haben nicht zuletzt die Gelände-Sportwagen beigetragen, die seit den letzten Jahren unsere Straßen bevölkern. Als in den 50er Jahren des vergangenen Jahrhunderts immer mehr Traktor-Fabrikate auf dem Markt erschienen, war der Standardschlepper mit großen angetriebenen Hinterrädern und kleinen Vorderrädern der selbstverständliche Normalfall. Einer der ersten Standardschlepper

Ein vollhydraulischer Spindelmäher am Holder A 60 (59 PS). Der Allradschlepper wird mit leichten Steigungen gut fertig

Der C 300-Frontsitz-Knicklenker (42 PS) mit Dreimesser-Sichelmäher und Schnittgras-Absaugung in den Heck-Sammelbunker

Mit dem Stoll-Hochkippbunker wird das Schnittgras direkt auf bereitstehende Anhänger entleert. Hier sieht man das Absauggebläse

Bevor der Baseler Lohnunternehmer Rolba losfährt, werden noch die Leichtgut-Aufsatz-Bordwände am Anhänger aufgesteckt

mit „Zusatz-Frontantrieb" (so hieß das damals) war der 30 PS MAN der Maschinenfabrik Augsburg-Nürnberg, aus dem Werk Nürnberg. Der Verfasser war zu dieser Zeit Werkstudent und Schlepperfahrer bei einem Göttinger Lohnunternehmen tätig und entsinn sich, daß der „MAN" bei uns Fahrern beliebt war, weil man sich beim Zuckerrüben- und Rübenblatt-Fahren vom Acker in die Zuckerfabrik beziehungsweise Trockenanlage auf winterlichen Wegen und Straßen mit dem Allrad – auch beim Bremsen – sicherer fühlte. Dazu trug freilich auch das sichere Lenken und die schwere Last auf der Vorderachse durch den Zusatz-Frontantrieb bei.

Das beliebteste Zugfahrzeug überhaupt war freilich der Allrad-Unimog, der mit seinerzeit 25 (!) PS und 50 km/h außerordentlich beweglich war und als einziger überhaupt ein Verdeck hatte. Den durften nur die wenigen von uns fahren, die den Führerschein Zwei hatten, um mit mehr als drei Achsen schneller als 20 km/h fahren zu dürfen. Wenn wir im Frühjahr zum Unkrautspritzen zu den Bauern kamen, fragten die schon mal, ob dieses grünfarbige Fahrzeug wohl aus dem letzten Krieg übrig sei oder für den nächsten Krieg bestimmt sei. Zu dem ist ja zum Glück nicht gekommen.

Heute haben die allermeisten Landwirtschafts-Traktoren selbstverständlich Allrad-Antrieb, wobei im Laufe der Zeit die Vorderräder immer größer wurden. Damit haben sie eine bessere Traktion dank der größeren Bereifung. Wenn wir im hügeligen Umland von Göttingen mit den damaligen Zweizylinder – 22 bis 26 PS – Traktoren mit zwei Hängern zur Zuckerfabrik Obernjesa unterwegs waren, war es „Stand der Technik", daß wir zweimal den zweiten Anhänger vor dem Berg abkoppeln mußten. Der Beifahrer sicherte den Hänger mit Bremsklötzen, wir fuhren mit dem ersten Anhänger rauf auf den Berg, koppelten ab und der Beifahrer sicherte dort oben mit Bremsklötzen. Dann holten wir den zweiten Anhänger nach oben und die Prozedur wurde wiederholt. Allerdings war die Verkehrsdichte damals so gering, daß wir auf recht wenig Gegenverkehr trafen. Für die Bauern waren die Zuckerrüben viel Wert, denn sie bekamen bald ihr Rübengeld und das Rübenblatt war wichtiges Grünfutter im Stall.

Für den Landschaftsgärtner gehört der Allradantrieb zum Handwerkszeug: Nicht nur allgemein wegen besserer Traktion, sondern vor allem für die Arbeiten mit dem Frontlader oder dem Frontstapler.

Mähen bleibt die Hauttätigkeit

Ganz bewußt wurden die Fotos zu diesem Beitrag so gewählt, daß die wichtigsten Mähtechniken erkennbar werden. Die „nobelste" und freilich auch teuerste Maschine ist eindeutig der Spindelmäher, mit dem im Idealfall so oft gemäht wird, daß nur rund die halbe Höhe der Grashalme abgeschnitten wird, sodaß man die leichten oberen Halmteile einfach als „Gründüngung" liegen lassen kann. Natürlich sind die Schneideinheiten so vor den Fahrzeugrädern anzuordnen, daß kein Schnittgras festgewalzt wird und ebenso natürlich sollte das Fahrzeug rasenschonende Reifen haben. Da ist die Reifenauswahl nicht einfach, wenn ein Stadtpark oder ein Golfplatz im hügeligen Gelände liegt, vielleicht beregnet wird und einige Anstiege

Mit drei Park 70 A (40 PS Allrad) geht es nun an die Arbeit für die Rasenpflege und die Sportplatzpflege in Basel und Umgebung

zu befahren sind. Ein besonderer Vorteil der vollhydraulischen Mäher ist die Möglichkeit, die Spindeldrehzahl unabhängig von der Fahrgeschwindigkeit einstellen zu können; so fährt man zum Beispiel bei dichtem Bewuchs langsamer und bei schwächerem Wuchs schneller. Für die Straßenfahrt sind die Außenspindeln auf Fahrzeugbreite hydraulisch hochzuklappen und die Rundumleuchte einzuschalten.

Vorteil bei Frontsitz-Knicklenkern: Mähen, Sammeln, Abfahren

Die weite Verbreitung der Sichelmäher vom kleinen Elektromäher im Hausgarten bis zum Dreimesser-Sichelmäher für Sportplätze und Grünanlagen ist kein Zufall. Vor allem deshalb, weil diese Mäher einfach, robust und preisgünstig in der Anschaffung sind und weil man beim Mähen mehr oder weniger unabhängig von der Wuchshöhe der Gräser ist. So gibt es wenig Probleme, wenn während der Urlaubszeit oder bei Regenperioden das Gras höher wurde als gedacht. Außerdem ist es leicht, das Schnittgras direkt hinter dem Mäher zu sammeln, sei es im Fangkorb oder mit Absauggebläse und Sammelbunker beim Großflächenmäher. Dafür sind die Frontsitz-Knicklenker gut geeignet, da der Sammelbunker auf dem Fahrzeug hinten gut Platz findet. Bei gut organisierten Stadtgartenämtern oder Lohnunternehmern hat man heute in der Mähsaison Hochkipp-Sammelbunker zum direkten Abkippen des Schnittgrases auf Lastwagen oder Anhänger. Wird das Schnittgras nicht gesammelt sondern einfach liegen gelassen, vielleicht in ganzen Batzen liegen gelassen, dann kommt es unvermeidlich zu Fehlstellen im Rasen, denn dort, wo solche Batzen gelegen haben, wächst nichts mehr.

Die Praxis braucht verschiedene Mähsysteme

Wie schon weiter oben ausgesagt: Praktisch bestimmen die Wünsche der Kunden das Arbeitssystem, denn sie wollen gute Arbeit sehen und sollen ja am Ende zahlen. So fährt ein Baseler Lohnunternehmer mit seinem Tieflader zur Arbeit los: Mit einem Park 70 A (40 PS) Allrad-Schlepper mit Front-Sichelmäher und Heckanbau-Tennenplatz-Pflege-Kombination, der zweite Park 70 trägt einen Front-Scheibenmäher für höheres Gras und der dritte Traktor zieht einen Anhänger zur Grünschnitt-Bergung, die auch zur Gesamtaufgabe zählt. Übrigens sind alle drei Kommunalschlepper mit gelben Rundum-Warnleuchten versehen.

Runde 1000 Kilometer weiter nördlich spielt das regelmäßige Mähen an den zahllosen Wasserwegen und Gräben in Holland eine wichtige Rolle. Viele Lohnunternehmer haben ihre technischen Ausrüstungen für ihren Bereich aus speziellen Komponenten selbst zusammengestellt, um etwa eine Böschung zu mähen und zugleich das Schnittgut oben auf der Grabenkante abzulegen. Das Doppelmesser-Mähwerk ist sicher eine Überlänge von wenigstens zwei Meter Schnittbreite. All diese Technik hat ihr Gewicht, das durch doppelte Bereifung aufgefangen wird. Die Firma Berkenheger (Hannover) hat sich schon seit vielen Jahren auf die mechanische Grabenentkrautung spezialisiert. Die früher zeitweilig mal übliche chemische Entkrautung ist aus Gründen des Umweltschutzes nicht mehr zulässig.

Bezüglich der mechanischen Grabenentkrautung erinnert sich der Verfasser seines ersten Lehrjahres in Beuster (Altmark), zum Betrieb gehörte ein Stück Elbdamm und ein Graben. Den haben wir im Juni

In Holland ist die Böschungspflege besonders wichtig. Ein A 40 (33 PS) ist hier zum Tragen der Gerätelast rechtsseitig doppelt bereift

Spezialisiert auf Böschungen an Gewässern: Vorn ein fingerloses Busatis-Doppelmesser-Mähwerk, hinten ein Berkenheger-Bandrechen

Arbeitsteilung bei der Grabenpflege: Der Vordermann mäht oben, der A 60 mit dem Rousseau-Schleppermäher unten

Auch Allrad, auch Frontsitzer: Der große Bruder (noch mit Klappverdeck) mit vollhydraulischem Ausleger-Schlegelmäher

Schlegelmäher sind ausgesprochen robust: Ein C 500 Frontsitzer beim Straßenrandmähen in einem Tal der schwäbischen Alb

Nochmal ein Rousseau Ausleger-Mäher, diesmal oben mähend. Der großvolumige Hydraulik-Öltank dient auch als Gewichtsausgleich

Der Schlegelmäher vor dem C 500 (59 PS) putzt Gras und Unkraut weg. Es ist warm, der Fahrer hat die Dachluke geöffnet

Mit kurzen Winkelmessern wird der Schlegelmäher zum beidseitigen Heckenschneiden genommen. Der A 60 mit Halbkabine

1946 mit Sense und Harke gemäht und entkrautet. Ein paar Tage später war Deichschau, da kam der verantwortliche Deichgraf mit einem Vertreter des Landkreises Osterburg um sich persönlich zu überzeugen, daß alles in Ordnung ist. So können Verunkrautungen und Verstopfungen bei Brücken oder Engstellen der Wasserläufe ausgeschlossen werden.

Doch zurück zur Mähtechnik, denn nun kommt nach Erwähnung von Spindelmähern, Sichelmähern und Doppelmesser-Mähwerken die letzte der insgesamt vier wichtigen Mähtechniken zur Sprache: Die Schlegelmäher, die es in den verschiedensten Größen und Ausführungen gibt, und die ganz außerordentlich robust sind. Schlegelmäher haben gelenkig an einer rotierenden Welle angebrachte Schlegel, die alle Arten von Grünbewuchs vom Gras bis zu verholzten Stengeln abschneiden beziehungsweise abschlagen. Dabei spielen auch gewisse Unebenheiten oder Maulwurfshaufen, kleinere Steine und diverse Fremdkörper (Flaschen, Verpackungen) u. a. m. keine Rolle. Falls da größere Steine liegen, weichen die gelenkigen Schlegel aus – der große Vorzug der Schlegelmäher! Bei den im Bild gezeigten vollhydraulischen Ausleger-Schlegelmähern wird, je nach Eigengewicht des Trägerfahrzeuges, ein Gewichtsausgleich geschaffen, zum Teil durch den Tank für das Hydrauliköl. Und natürlich müssen die Ausleger für die Straßenfahrt auf Fahrzeugbreite eingeklappt werden.

Von Pfahlrammen, Schwemmanlagen und Gelände-Staplern

Als Belege für die eingangs erwähnte Vielseitigkeit im Landschaftsgartenbau können die nachfolgenden Fotos gelten. In Neuseeland soll es ja wohl 60 Millionen Schafe und drei Millionen Einwohner geben. Auf einer Hochfläche auf der Südinsel steht ein Denkmal für die Hüte-Hunde, die für die dortigen Schäfer extrem wichtig sind. An Hauptstraßen müssen freilich doch Zäune gesetzt werden. Dazu schiebt sich Lohnunternehmer Brunsden mit seinen A 60 (50 PS) erst mal mit dem Räumschild einen Weg entlang der Straße frei, dann setzt er mit der Heck-Anbau-Pfahlramme die Pfähle, an denen dann die Drähte gespannt werdend-

Übrigens: Wenn man sich nach langer Fahrt in dieser Gegend schlafen legt, hat man erst mal nur grüne Flächen mit weißen Punkten vor Augen: Das sind die Weiden und die Schafe!

In den großen Sportstadien geht es nicht ohne verschiedene Pflegefahrzeuge. Der C 500 Frontsitz-Knicklenker (50 PS) ist hier mit bodenschonenden Breitreifen bestückt, dabei trägt er hinten einen großen Wasserbehälter und im Front-Dreipunktanbau eine Schwemmanlage mit 60 bar Hochdruckpumpe und stufenlos breitenverstellbarem Düsenrohr.

Normale Hubstapler sind sogenannte Flur-Förderfahrzeuge, meist mit Akku-Antrieb oder Gasmotor-Antrieb, sie können nur auf ganz ebenen Flächen fahren. Wer von der Vielseitigkeit der Allradschlepper spricht, sollte auch die Geländestapler nicht vergessen, die in vielen Kommunen oder in Industriebetrieben wichtige Dienste leisten. Die Palettenträger der Stapler werden nach Arbeitsende natürlich hochgeklappt, damit sie in der Garage nicht so viel Platz beanspruchen. Auf dem rauhen, oft sprichwörtlich unwegsamen Untergrund von Baustellen hat der C 500 Frontsitz-Knicklenker kein Problem. zumal er mit vier Radgewichten ausgerüstet ist. Die Kabine bietet Platz für einen Beifahrer, die Hilfsladefläche ist hydraulisch kippbar. Am Meeresstrand zeigt sich ein weiterer Vorteil der Frontsitz-Knicklenker: Wenn sich das Wasser bei Ebbe zurückzieht, bleibt vieles liegen, was da nicht hingehört. Die Front-Kehrmaschine nimmt es auf und saugt es mit starkem Luftstrom hoch bis in den geräumigen Heck-Sammeltank.

Von der holländischen Vertretung Motrac in Zutphen stammt dieses Frontlader-Foto. Zum Ausgleich dient ein Heckgewicht

Der neuseeländische Lohnunternehmer Brunsden hat seinen Vollkabinen A 60 mit Räumschild und Pfahlramme ausgerüstet

Für die schwere Pfahlramme nahm Brunsden Doppelräder auf der Hinterachse. Steil bergab bremst er mal mit dem Räumschild

C 500, ein geländegängiger Stapler mit 50 PS Holder-Motor. Mit Front-Dreipunkt-Anbau ist der Stapler leicht abnehmbar

Am Nordseestrand nützlich zum Kehren und Wohlstandsmüll aufsaugen. Mit dem Saugschlauch werden Papierkörbe entleert

Ford Traktoren in der ehemaligen DDR

von Dipl. -Ing. Lars Heyde

Da die Staatsorgane der ehemaligen DDR und die Einflüsse der Sowjetunion es nicht zu ließen eigenen Traktoren über 100 PS zu bauen, einigte man sich bei den inländischen Messen statt der üblichen Devisen-Zahlungen, die Ausstellungsfahrzeuge und Maschinen gleich im Land zu behalten. So sparte man sich als Aussteller unter anderem den kostenintensiven Rücktransport dieser Maschinen. Anführen muss man dazu aber noch, dass nicht alle Maschinen so ins Land kamen, denn einige wurden auch normal eingekauft. Einige dieser Schlepper gingen auch direkt zur näheren Untersuchung an die entsprechenden Forschungseinrichtungen für Landwirtschaftliche Technik. Dies begann Anfang der 60er Jahre, wo hier einiges an „Westtechnik“ in die ehemalige DDR kam. Für die damaligen Verhältnisse in der DDR war diese Technik sehr fortschrittlich und erleichterte die anfallende Arbeit sehr. Auch den Traktoristen gefiel diese neue Technik, da sie einiges in ihrem gewohnten Arbeitsablauf erleichterte, wie auch gut an einigen der folgenden Bildern zu erkennen ist. Die Fahrer die solch neue Technik bedienen durften waren auch sehr stolz darauf, denn es waren nur sehr wenige Genossen, die zu dieser Zeit mit „Messeneuheiten“ beruflich zu tun hatten und diese auch Tag für Tag fahren konnten. Unter den Traktoren, waren Typen wie der Fordson County Super-4, Fordson County Super-6, Ford County Super-4, Ford County Super-6, Ford 4000 und Ford 5000 zu finden.

Dazu ist ein kurzer Ausflug in die Geschichte der beiden Firmen nötig, um ein wenig Licht ins Dunkel der beiden Namen Ford und Fordson zu bringen. Ford wurde am 16. Juni 1903 in Detroit (Michigan) von Henry Ford gründet. Dort wurden aber nur die

Fordson County Super-6 mit Fahrer

Personenkraftwagen gefertigt, denn die Traktorenproduktion lief unter dem Namen Ford Tractor Company und wurde in Minneapolis realisiert.

Fordson wurde 1917 in Dearborn (USA) als Henry Ford & Son Inc., kurz Fordson gegründet. 1919 kam als zweiter Standort Cork (Ireland) hinzu. Fordson produzierte eigenständig Traktoren, bis 1961 die englische und amerikanische Firma unter dem Namen Ford wieder zusammen gingen.

Bei den Fahrzeugen die im Oderbruch beim pflügen zum Einsatz kamen, handelte es sich vorwiegend um Fordson County Super-6 und Ford County Super-6 Schlepper, die eine sehr gute Zugkraft aufwiesen um den dort befindlichen Boden bestmöglich bearbeiten zu können.

Die Fahrzeuge der Messen wurden auch nicht groß gepflegt und gewartet, denn man wollte ja auch mitbekommen, wann und wo diese Maschinen verschlissen. Das war nicht weiter schlimm, denn es gab ja jedes Jahr neue Messeprodukte und somit auch Nachschub.

Die Traktoren wurden direkt vom Messestand weggekauft und die DDR-Führung nutze dies um die westliche Technik an abgelegenen Versuchsanstalten genauestens zu begutachten. Solche Versuchsanstalten waren zum Beispiel das VEB Zingst oder WTZ (Wissenschaftlich Technischen Zentrum), was später zum FZM (Forschungszentrum für Mechanisierung) umbenannt wurde und eine untergeordnete Einrichtung von der AdL (Akademie der Landwirtschaftswissenschaften) war. Diese Versuchsstätten wurden mit dem ausprobieren, ausspionieren und gegenüberstellen solcher „Westtechnik“ beauftragt. Da dies offiziell keiner wissen durfte, wurde auch der Besitz solcher Technik in der ehemaligen DDR geleugnet. Das vergleichen mit den sogenannten „Westschleppern“ ging aber nur einige Jahre gut, dann schob man dem Treiben von oben her einen Riegel vor. Sogar im „Handbuch für den Traktoristen“, durften dann solch Vergleiche nicht mehr niedergeschrieben werden.

Der tägliche schwere Einsatz verlangte der „westlichen Technik“ so einiges ab, um sie somit auch

Vier Fordson County Super-6 beim Pflügen

Die Fordson- und Ford-Typen unterschieden sich wie folgt:

Fordson County Super-4:	Allradantrieb, 4-Zylinder Dieselmotor mit 52 PS
Fordson County Super-6:	Allradantrieb, 6-Zylinder Dieselmotor mit 95 PS
Ford County Super-4:	Allradantrieb, 4-Zylinder Dieselmotor mit 65 PS
Ford County Super-6:	Allradantrieb, 6-Zylinder Dieselmotor mit 100 PS
Ford 4000:	Standardtraktor, 3-Zylinder Dieselmotor mit 42 PS
Ford 5000:	Standardtraktor, 4-Zylindermotor mit 65 PS

Fordson County Super-6

Testpflügen mit Fordson County Super-6 im Vergleich zur einheimischen Technik

ordentlich auf Herz und Nieren zu prüfen. Anschließend konnte man dann aus den entstandenen Schäden erkennen, wo bei der Konkurrenz die Schwächen lagen und diese somit bei eigenen Schleppern so gering wie möglich halten.

Anfang der achtziger Jahre, gab es dann von oberster Stelle Auflagen und Befehle und man begann mit der Verschrottung dieser Traktoren. Das bis heute noch damalige Fahrzeuge die eigentlich zur Verschrottung gingen, noch immer im Osten der Republik vorzufinden sind lässt sich wie folgt erklären: Der Ostdeutsche ist schlau und sehr erfinderisch, er fuhr nach der Zerlegung der Traktoren einfach zum Schrottplatz und kaufte den Schrott zurück. Im Anschluss baute man sich aus den verschrotteten Teilen, die ja erst kurz zuvor zerlegt wurden, den Traktor zu Hause einfach wieder zusammen. So wurden einige dieser Traktoren sozusagen „wiedergeboren“ und man hat sich somit den Befehlen von oben nicht wiedersetzt. Einige haben es aber auch so geschafft bis heute zu überleben und so kann man manche dieser Schlepper die auf den Bildern zu erkennen sind, noch heute bei der Arbeit vorfinden.

Ein Exemplar eines solchen Fordson County Super-4 wie es sie damals hier gab, habe ich selbst restauriert und wieder hergerichtet. Dieser seltene Exot ist zwar nicht von den wenigen die hier damals ihre Arbeit verrichteten, sondern kam durch Herrn Hubert Heyde, direkt von Schweden nach Deutschland. Er sah ihn dort ganz einsam und verlassen an einer Straße in Schweden und zögerte nicht in Erfahrung zu bringen, ob dieses doch sehr runter gekommenen Fahrzeug zu verkaufen wäre. Es war ein regelrechter Kampf ihn zu bekommen, denn solch einen seltenen Traktor gibt man nicht gern her. Vom ersten entdecken durch Herrn Hubert Heyde in Schweden, bis er dann tatsächlich vor meiner Tür stand, dauerte ungefähr ein halbes Jahr. Solch seltene Gelegenheiten bieten sich einem nicht jeden Tag und es gehört schon eine Menge Glück dazu, Geschäfte dieser Art unter Dach und Fach zu bringen.

Damit endet mein kleiner Ausflug in die Geschichte der Ford und Fordson Traktoren in der ehemaligen DDR. Ich hoffe ihnen damit einen kleinen Einblick in die damalige Zeit geben zu können und würde mich sehr freuen ihr Interesse auf mehr geweckt zu haben, denn dies ist noch lange nicht alles was es damals gab und die Leute dort erlebten.

Quelle der Bilder: Jörg und Andreas Dunst

Ford 4000 unter Last

Fordson County Super-6

Ford County Super-4

Fordson County Super-6

Ford 5000

Ford 4000

Ford 4000

Fordson County Super-4, Baujahr 1958

Deutz Intrac

von Oliver Aust

In den Jahren 1970 und 1971 stand die Firma Deutz laut Statistik in der Liste der Schlepperneuzulassungen ganz oben, wobei der Gesamtschlepperabsatz deutlich nach unten sackte. Während dieser schwierigen Phase konstruierte Deutz unter dem Projektnamen ULM (Universal-Landmaschine) ab 1970 einen neuartigen Schleppertyp mit drei Anbauräumen, Frontkraftheber und Frontzapfwelle. An der Entwicklung des ULM waren neben Deutz auch die Firmen Rau, Tröster und Weiste beteiligt. Die völlig neuartige Schlepperkonzeption sollte mit einer kompletten Gerätereihe angeboten werden. 1972 wurde die Universal-Landmaschine unter der Bezeichnung Intrac 2002 in Serie gebaut. Zunächst wollte Deutz mit diesem ersten Systemtrac die Akzeptanz einer solch speziellen Maschine abschätzen, um bei Erfolg des Schleppers weitere Typen auf den Markt zu bringen.

Das Grundprinzip des Traktors basierte auf dem Standardschlepper D 5006, von dem unter anderem der Motor, das Getriebe TW 50, Kraftheber und Vorderachse übernommen wurden. Der Dreizylindermotor vom Typ F3L 912 leitete 51 PS bei 2200 U/min. Er wurde in Halbrahmenbauweise gefertigt. Der Unterflurmotor ermöglichte die Anordnung der Fahrerkabine, die großzügig verglast war, direkt über den Vorderrädern. Das Ergebnis war eine gute Sicht auf die an der Schlepperfront angebauten Geräte und den gesamten übrigen Arbeitsbereich. Der Front- und Heckanbauraum war mit Dreipunktgestänge und Einphasenkuppler ausgestattetet, was den Anbau selbst schwerster Geräte ohne Verlassen der Fahrerkabine gestattete. Zum Intrac-Geräte-System gehörten unter

Intrac 2002 mit Deutz-Fahr Ladewagen E 327

Die Intracs waren mit Schiebetüren versehen

anderem Pflüge, Bodenbearbeitungsgeräte, Düngerstreuer mit Aufsattel-Kippbehälter, Pflanzenschutzgeräte mit Aufsatteltank, Frontmähwerk, Aufsattelanhänger und Rübenroder. Die Gewichtsverteilung mit 60 Prozent vorn und 40 Prozent hinten machte ein Aufbäumen des Schleppers weitgehend unmöglich. Beim Anbau schwerer Heckgeräte war der Anbau von Gegengewichten an der Front-Hitch möglich.

Das Getriebe war mit acht Vorwärts- und vier Rückwärtsgängen ausgestattet, die Höchstgeschwindigkeit betrug 25 km/h. Optional konnte ein Getriebe mit zwölf Vorwärtsgängen geliefert werden.

Der Intrac 2002 wurde serienmäßig mit der Bereifung 7.50-16 vorne (Allrad 7.50-18) und hinten mit Rädern der Größe 9-36 (Allradversion 13-28) geliefert. Bei diesem kleinen Modell waren die Vorderräder also kleiner als die hinteren, während auf die folgenden PS-stärkeren Modellen Intrac 2005, 2006 und 2011 gleich große Räder montiert wurden. Möglich machten dies zusätzliche Portalgetriebe, die hinten eingebaut wurden. Zunächst war nur eine Hinterradversion des Intrac 2002 im Programm, aber schon bald folgte die Allradversion. Der Deutz Systemschlepper hatte einen Radstand von 2,15 m, eine Länge von 4,25 m (inclusive Kraftheber), eine Höhe von 2,5 m und eine Bodenfreiheit von 0,45 m in der Hinterrad- und 0,25 m in der Allradversion. Der Intrac selbst besaß ein Leergewicht von 2510 kg.

Im Frühjahr 1975 bot die Klöckner-Humboldt-Deutz AG passend zu den Intrac-Fahrzeugen eine Ladepritsche mit Holz- oder Stahlboden an, die mit ihren Tragstützen in die Aufnahmezapfen des Schnellkupplers für den mittleren Anbauraum passte. Die Nutzlast wurde mit 1500 kg angegeben. Die Pritsche war nach hinten hydraulisch klappbar und bot eine nutzbare Ladefläche von 3,2 m^2. Die Länge betrug 1700 mm, die Breite 2050 mm, der Kippwinkel 45 Grad und das Gewicht der Pritsche 250 kg. Die Ladepritsche konnte bei allen Modellen der Intrac-Serie verwendet werden.

Der Preis des Deutz Intrac 2002 ohne Kabine, Zapfwelle vorn und Frontkraftheber lag bei etwa DM 17500 ohne Mehrwertsteuer. Für die Allradversion musste man schon deutlich tiefer in die Tasche greifen. Hier lag der Preis bei DM 24600. Für die Kabine musste man weitere DM 2500 drauflegen. 1974 wurde der Intrac 2002 durch den Intrac 2003 mit 60 PS abgelöst.

Ebenfalls 1972 baute Deutz den stärkeren Intrac 2005 als völlige Neukonstruktion mit Automatikgetriebe und automatischer Leistungsregelung. Er war in Rahmenbauweise gefertigt und die Komponenten stammten nicht von den bei Deutz vorhandenen Standardtraktoren. Dieser Schlepper kostete in der Allradversion DM 48500 netto mit Umsturzbügel. Deutz wollte mit diesen Schleppern Kunden außer-

Intrac 2003 mit Zwillingsbereifung

Der 60 PS starke Intrac 2003

Intrac 2004 mit Siloverteiler in der Fronthydraulik

halb der Landwirtschaft erreichen. So bemühte sich das Unternehmen, den Intrac im Kommunal- und Industriebereich zu platzieren.

1972 entwickelte KHD auch ein Intrac Spezialfahrzeug, das auf dem Grundkonzept des Intrac 2005 basierte. Der Intrac 2011 wurde in zwei Ausführungen als Radfahrzeug mit gleich großen Rädern und als Kettenfahrzeug geliefert. 55 Radfahrzeuge und 25 Kettenfahrzeuge wurden an die Schweizer Armee geliefert. Weitere 15 Rad- und fünf Kettenfahrzeuge erhielt Frankreich.

1973 brachte Deutz den Intrac 2006 und 1978 den Intrac 2004 auf den Markt. 1987 schlossen sich Deutz und Daimler-Benz zu einer Trac-Technik-Entwicklungsgesellschaft (TTE) zusammen und versuchten mit vier neuen Modellen, die fortan die Bezeichnung IN-trac trugen, das Trac-Konzept zu retten, aber leider erfolglos. Die Intracs waren ihrer Zeit weit voraus gewesen und gegenüber den Standardschleppern konkurrenzlos geblieben. Der große Erfolg mit den Universalschleppern scheiterte jedoch am Preis, der für die damalige Zeit einfach zu hoch war. So beendeten Deutz und Daimler-Benz die Produktion der Intracs im Jahr 1990 endgültig. Die Trac-Technik-Entwicklungsgesellschaft wurde aufgelöst.

Folgende Typen des Intrac wurden von 1972 bis 1990 produziert

Typ	Leistung	Motor	Produktionsstart
Intrac 2002	51 PS	F3L 912	1972
Intrac 2005	80 PS	F5L 912	1972
Intrac 2011	300 PS	F8L 414V	1972
Intrac 2006	116 PS	F6L 913	1973
Intrac 2003	60 PS	F4L 912	1974
Intrac 2004	70 PS	F4L 912	1978
IN-trac 6.05	98 PS	F6L 912	1988
IN-trac 6.30	115 PS	F6L 913	1988
IN-trac 6.30 turbo	126 PS	BF6L 913	1988
IN-trac 6.69 turbo	150 PS	BF6L 913	1988

Traktormotoren

Anfang der 1960er Jahre

von Dipl.-Ing. Erwin Neubauer

Mit einem Umfang von 780 Seiten erschien 1962 der sechste Band des „Gelben Schlepperbuches“. Dieses jährlich erscheinende Werk berichtete in der Hochphase des deutschen Traktorenbaus umfassend über Neuerscheinungen im Schlepperbereich. Es listete akribisch Anbaugeräte und Ausrüstungen auf, befasste sich mit allen relevanten technischen Neuerungen und veröffentlichte Tests und Berichte über technische Prüfungen. Die Bestandsaufnahme der Schleppermotoren zu Beginn der 1960er Jahre wurde mit ausführlichen technischen Daten und anhand von Bildtafeln dargestellt. Die Bildtafeln sind auf den folgenden Seiten orginalgetreu wiedergegeben, also so, wie sie auch im Gelben Schlepperbuch abgedruckt sind.

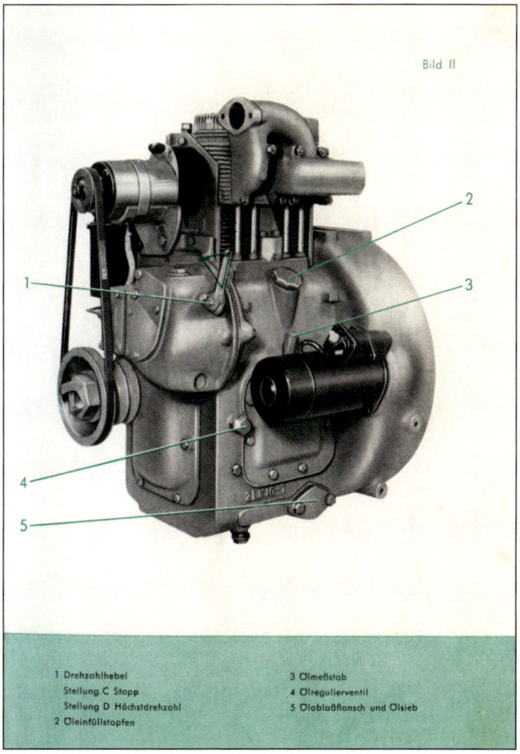

Güldner Schleppermotor 2 LK mit 12 PS

Berning, DK 6 (6,5 PS)

Berning, Di 12 (14 PS)

Berning, Di 7 (8 PS)

Berning,
DK 8 (8 PS)

Eicher EDK 1 (16 PS)

Eicher, EDK 2 (25 PS)

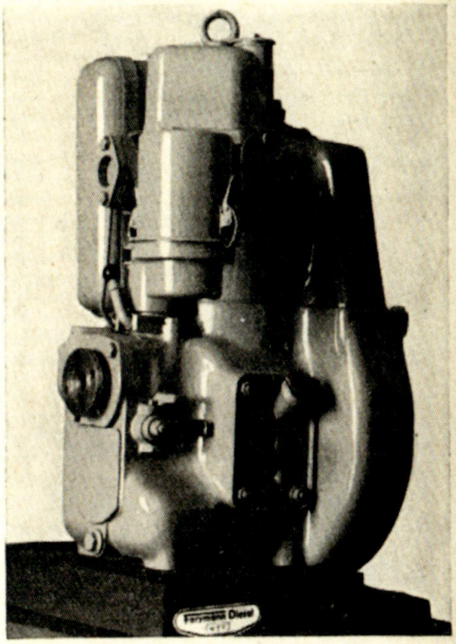

Farymann, LKS (5 PS)

Eicher, EDK 3 (35 PS)

Eicher, ED 3 b (45 PS)

Farymann, LES (7 PS)

Farymann, Typ LD (10 PS)

Fichtel & Sachs,
Stamo 200 (5 PS)

Fichtel & Sachs,
Stamo 100 (2,7 PS)

Fichtel & Sachs,
Stamo 280 (7 PS)

Hatz-Diesel E 85 FG / E 89 FG
(10—12 PS)

Hirth, Typ 6 (5,5 PS),
8 (7 PS)

Hatz-Diesel Z 105 R (24 PS)

JLO-Diesel Typ DL 660 (12 PS)

L 50 L 100/125 L 150/175 L 200/250 L 320/375

JLO-Allzweck-Benzin-Motoren (1,5—13,5 PS)

JLO, L 101 (2,9—4,3 PS)

JLO, L 151 (3,8—6 PS)

JLO, L 2 × 375
(14—25 PS)

JLO-Diesel Typ DL 365
(7 PS)

Kl.-H.-Deutz-Diesel
F 1 L 712 (14 PS)

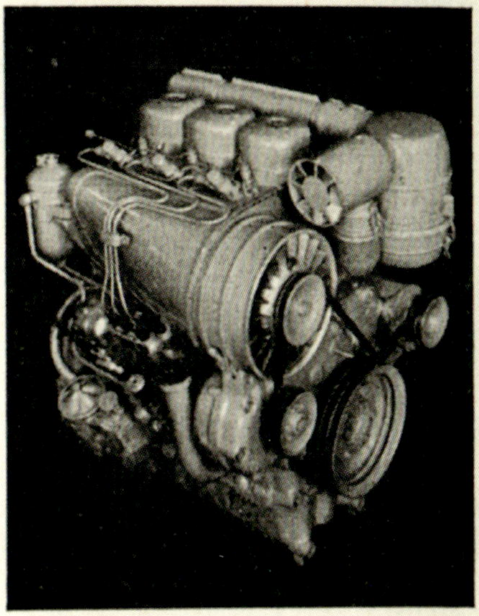

Kl.-H.-Deutz-Diesel
F 3 L 712 (35/38 PS)

Kl.-H.-Deutz-Diesel
F 2 L 712 (20/25 PS)

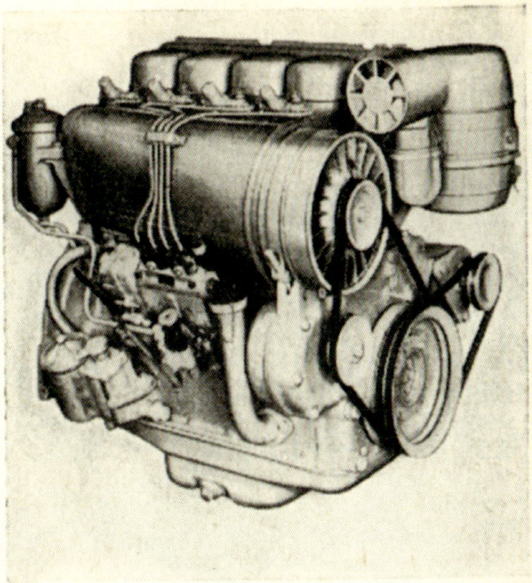

Kl.-H.-Deutz F 4 712 (46 PS)

Kl.-H.-Deutz-
Dieselmotor
F 3 L 514 (50 PS)

MWM-Diesel-AKD
412 E (15 PS)

Kl.-H.-Deutz-
Dieselmotor
F 4 L 514 (65 PS)

MWM-Diesel-AKD
412 Z (30 PS)

Kl.-H.-Deutz-
Dieselmotor
F 6 L 514 (100 PS)

MWM-Diesel-AKD 412 D (45 PS)

MWM-Diesel-AKD 10 Z (20 PS)

MWM-Diesel-AKD 412 V (60 PS)

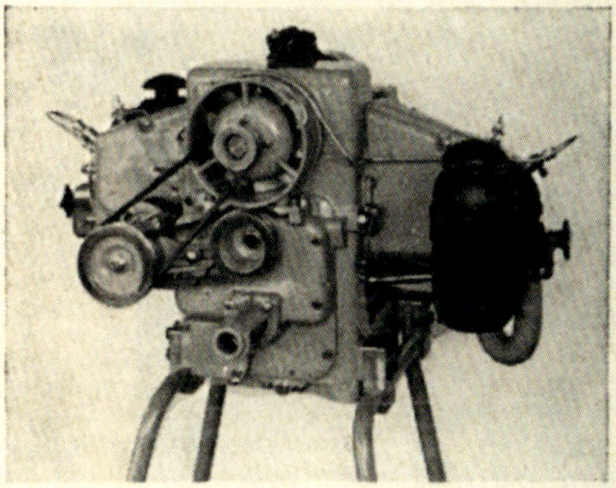

MWM-Diesel-AKD 10 ZB (20 PS)

MWM-Diesel-AKD 311 Z (20 PS)

MWM-Diesel-AKD 10 D (30 PS)

MWM-Diesel-AKD 10 V (40 PS)

MWM-Diesel-AKD 112 V (48 PS)

MWM-Diesel-AKD 112 Z (24 PS)

Porsche-Diesel-F 109 (15 PS)

MWM-Diesel-AKD 112 D (36 PS)

Porsche-Diesel-F 218 (25 PS)

Daimler-Benz-Diesel
OM 636/VI-U (32 PS)

Fichtel & Sachs-Diesel
500 (10 PS)

Farymann-Diesel-D (10 PS)

Güldner 2 DNS (20 PS)

Farymann-Diesel-CS (20 PS)

IHC-DD 66 (14,2 PS)

IHC-DD 74 (17,2 PS)

IHC-DD 111 (24,3 PS)

IHC-DD 99 (20,3 PS)

IHC-DD 132 (30,4 PS)

Kaelble GO 130 a-T (300 PS)

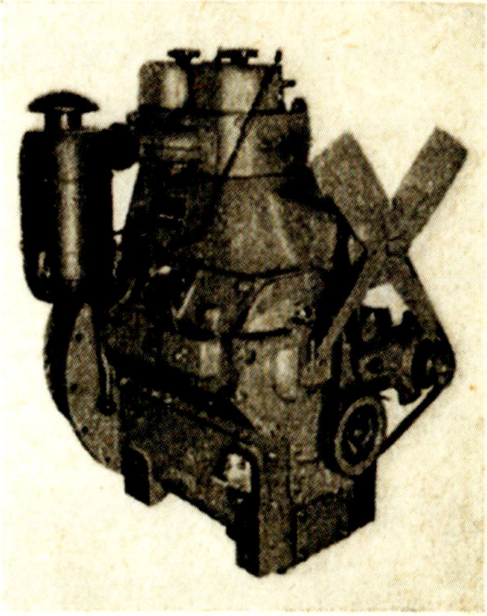

Lanz (HELA) AZ
(25 PS/30 PS)

Lanz (HELA) AE
(12 PS/15 PS)

MWM, KD 412 D (48 PS)

MWM, KD 412 V (64 PS)

MWM, KD 10,5 D (34 PS)

MWM, KD 211 Z (20 PS)

MWM KD 412 E (16 PS)

MWM, KD 12 Z (24 PS)

MWM KD 412 Z (32 PS)

RHEINSTAHL-HANOMAG-Diesel
D 611 S (14 PS)

RHEINSTAHL-HANOMAG-Diesel
D 621 S (24 PS)

RHEINSTAHL-HANOMAG-Diesel
D 14 (19 PS)

RHEINSTAHL-HANOMAG-Diesel
D 21 (27 PS)

RHEINSTAHL-HANOMAG-Diesel
D 28 (42 PS)

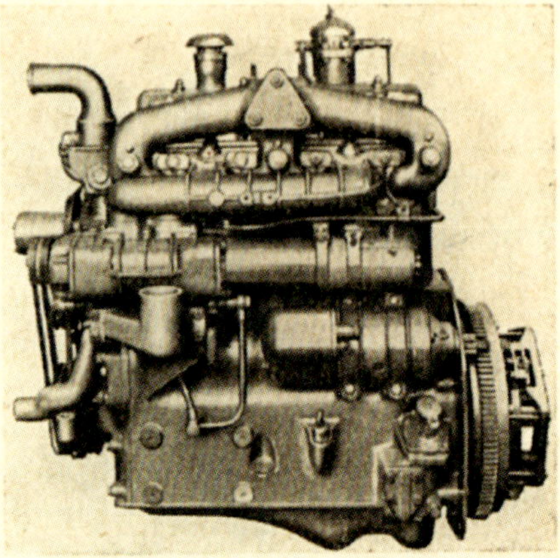

RHEINSTAHL-HANOMAG-Diesel
D 28 R 442/50 (50 PS)

RHEINSTAHL-HANOMAG-Diesel
D 721 (65 PS)

RHEINSTAHL-HANOMAG-Diesel
D 57 (55 PS)

BTG-Deutz D 40

von Stefan von der Ropp-Brenner

Die Bayerische Traktoren- und Fahrzeugbau GmbH mit Sitz in München wurde nach dem Zweiten Weltkrieg aus der Not heraus gegründet, um den Landwirten Zugmaschinen und Schlepper zur dringend notwendigen Bewirtschaftung ihrer Felder zu liefern. Deutschland war von den Alliierten besiegt und besetzt, viele Bauern waren entweder im Krieg gefallen oder noch in Kriegsgefangenschaft. Die Städte waren teilweise vollständig zerstört, die Infrastruktur war zusammengebrochen. Der Hunger machte sich bei der Bevölkerung stark bemerkbar, zumal viele Leute aus den ehemaligen deutschen Ostgebieten nach Westdeutschland flüchten mussten. Die Landwirtschaft musste also rationell für die Bevölkerung produzieren, das heißt sie sollte möglichst viel Fläche als Anbau zur Ernährung für die Menschen, aber auch als Futtermittelquelle für zum Beispiel Kühe und Schweine bereitstellen. Also war man speziell auf den Einsatz von Ackerschleppern angewiesen, da somit der hundertprozentige Ernteertrag den Menschen (Kartoffeln, Steckrüben, Hafer, Weizen, Salat, usw.) und den Nutztieren (Gras, Heu, Stroh, Futterrüben, usw.) zugute kam. Ein Betrieb mit Pferdeanspannung beanspruchte dagegen eine große Menge an Futtermittel zur Versorgung der Pferde selbst. Der durch den Schlepperbetrieb freigewordene Futtermittelanteil konnte nun der Fleisch- und Milchgewinnung (Kühe und Schweine) dienen.

Also entstand neben vielen anderen Schlepperproduzenten in Deutschland die Bavarian Trucking Company (BTC) gegen Ende der vierziger Jahre. Aus

ausgedienten amerikanischen Militärjeeps der Marken Willys und Dodge wurden in München leichte Schlepper mit Einzylinder-Dieselmotoren von Hatz, Deutz und MWM gebaut. Dabei wurde das Jeep-Fahrgestell beibehalten, während die Bereifung gegen grobprofilierte Räder getauscht und das Sechsganggetriebe der Landwirtschaft entsprechend angepasst und abgestuft wurde. Außerdem wurde eine Sitzbank auf den Jeep gebaut sowie eine Zapfwelle, eine Riemenscheibe und ein Seitenmähwerk an den Behelfsschlepper angebracht. Der mit einer Anhängeschiene ausgerüstete BTC-Kleinschlepper war mit seinem Allradantrieb den anderen Konkurrenten keinesfalls unterlegen. Das Fahrzeug unterlag einer ständigen Weiterentwicklung und es wurde recht gut in der Region verkauft. Da es aber bald an Original-Jeep-Ersatzteilen mangelte, wurde ein eigener Profilstahlrahmen entwickelt und zusammengeschweißt. Außerdem wurde dem Wunsch der Landwirte Rechnung getragen und die Motorleistung erhöht, indem stärkere Motoren eingebaut wurden. 1954 änderte sich der Firmenname in Bayerische Traktoren- und Fahrzeugbau GmbH (BTG). Es wurden Modelle mit einem luftgekühlten 24-PS-Güldner-Zweizylinder-Dieselmotor und mit einem wassergekühlten 32-PS-Perkins-Dreizylinder-Dieselmotor gebaut. Dort wurden Sechsgang-Wendegetriebe aus ZF-Teilen verbaut, die eine Höchstgeschwindigkeit von 20 km/h erlaubten. Die Farbgebung der mit Portalachsen ausgerüsteten Allradschlepper war grün.

Ab 1958 wurde der BTG-Deutz D 40 vorgestellt, nachdem zwecks einer besseren Vermarktung durch ein engmaschigeres Händlernetz eine Kooperation mit der Firma Deutz eingegangen wurde. Eingebaut wurde der tausendfach bewährte Dreizylinder-Deutz-Dieselmotor vom Typ F 3 L 712 mit Luftkühlung durch Axialgebläse und einer Drehzahl von 2000 U/min. Dieser 35-PS-Viertaktmotor mit Wirbelkammer hatte einen Hubraum von 2550 ccm und war auch im Deutz D 40, D 40 L und D 40. 1 eingebaut. Dort wies er jedoch eine höhere Drehzahl von 2100 U/min beziehungsweise 2150 U/min auf. Das Getriebe war ein Sechsgang-Wendegetriebe von ZF, wobei die Höchstgeschwindigkeit vorwärts bei 20 km/h lag. Im Rückwärtsgang lag die höchste Geschwindigkeit bei 17 km/h. Da dieses Getriebe von ZF nur für eine maximale Schlepperleistung bis 24 PS ausgelegt war, kam es bei starker Beanspruchung gelegentlich zu Problemen. Der Schlepper selbst war mit seinen Portalachsen, seinem permanenten Allradantrieb und seinen vier gleichgroßen Rädern der Größe 9 – 24 AS sehr robust und zugstark. Mit einer günstigen Gewichtsverteilung von etwa 60 Prozent auf der Vorderachse und 40 Prozent auf der Hinterachse war der BTG-Deutz D 40 sehr hangsicher. Durch seinen tiefliegenden Schwerpunkt und Differen-

tialsperren in beiden Achsen war der Schlepper besonders in der Forstwirtschaft sehr beliebt, da ein Aufbäumen bei schwerer Zugarbeit und ein Durchrutschen der Räder kaum vorkam. Eine Vierradbremse sorgte hier für eine äußerst gute Sicherheit am Hang, auf dem Feld und auf der Straße. Das Eigengewicht des Allradschleppers betrug 1840 kg, während das zulässige Gesamtgewicht bei 2200 kg lag. Der in Blockbauweise gefertigte Schlepper hatte einen in der Fahrzeugmitte angeordneten Doppelpolstersitz, wobei der Fahrer in Fahrtrichtung links positioniert war. Außerdem machte der von BTG entwickelte drehbare Rohrsatz mit zwischengeschaltetem Gleitlager, welches die Vorder- mit der Hinterachse verband, das Fahrzeug nicht nur äußerst geländegängig: Dadurch wurde für Fahrer und Beifahrer der Fahrkomfort deutlich erhöht, denn diese Anordnung ermöglichte bei Hindernisfahrten in unebenem Terrain, dass Vorder- und Hinterteil frei gegeneinander schwenken konnten.

Zum Serienlieferumfang des Schleppers gehörten ferner eine vordere Drückevorrichtung, eine Zweistufenanhängerkupplung hinten, eine Normzapfwelle, ein einfachwirkender Dreipunktkraftheber sowie vordere und hintere Kotflügel.

Als Sonderausstattung gegen Mehrberechnung konnten ab Werk wahlweise ein Schutzverdeck, ein Gerätescheinwerfer, ein BTG-Seitenmähwerk mit hydraulischer Aushebung, ein doppeltwirkender Dreipunktkraftheber, eine kupplungsunabhängige Hydraulikpumpe (direkt mit dem Motor verbunden), eine aufsteckbare Riemenscheibe, eine Seilwinde mit Bergstütze, eine Transportpritsche über der Hinterachse, ein Front- oder Hecklader sowie Gitterräder geordert werden.

Der in grüner, grauer und roter Lackierung angebotene Schlepper wurde von der Kundschaft nur in geringen Stückzahlen gekauft. Zum einen lag es am überdurchschnittlich hohen Verkaufspreis, zum anderen an der Tatsache, dass die BTG-Allradkonstruktion für damalige Verhältnisse einfach zu fortschrittlich war. Deshalb wurde der BTG-Deutz D40 nur zwei Jahre lang gebaut.

Ein größeres Modell vom Typ HZ 40 mit 39 PS (Deutz F 3 L 712) und stärkerem Achtgang-Wendegetriebe konnte der BTG keinen nennenswerten finanziellen Erfolg bescheren, weshalb im Jahre 1961 der Schlepperbau dort eingestellt wurde. Von 1962 bis etwa 1966 wurden Tatrac-Schlepper bei der Firma Frisch in Augsburg auf BTG-Basis weitergebaut. Diese Allradschlepper hatten anfangs ebenfalls 39 PS (Deutz F 3 L 712) und ein Achtgang-Wendegetriebe. Von 1962 bis 1963 wurde der als TD 40 bezeichnete Tatrac gebaut, bis ein größeres Modell den Schwanengesang bildete: der TD 60 mit Deutz F 4 L 712-Dieselmotor und 52 PS Leistung. Der ebenfalls mit einem Achtgang-Wendegetriebe ausgestattete Vierzylinder-Schlepper wurde von 1963 bis zum Produktionsstopp in Augsburg gefertigt. Damit endete ein ganz besonders interessantes Kapitel deutscher Schlepperbaugeschichte.

Direktangetriebene Hydraulikpumpe

DEUTZ

-Schlepper sind für den Frontladeranbau ganz besonders geeignet

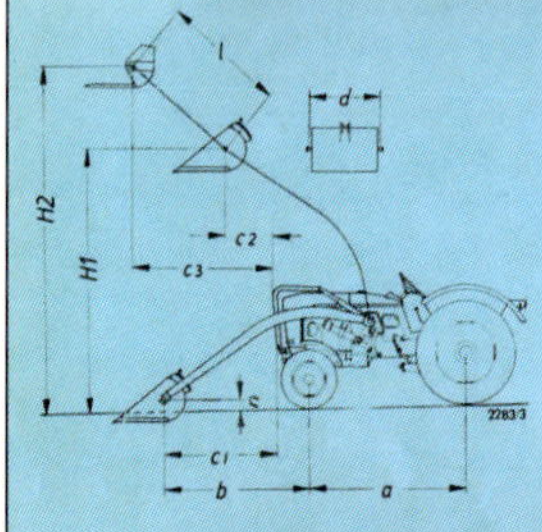

Nutzlast	kg	450
mit Verlängerung	kg	250
volle Hubzeit	sec.	5,0
Senkzeit	sec.	4,0
a	mm	1950
b	mm	1710
c^1	mm	1175
c^2	mm	720
c^3	mm	1170
H^1	mm	3000
H^2	mm	4500
n	mm	± 0
l Ladeverlängerung	mm	1500

Anbaurahmen für Frontlader an organisch in der Schlepperkonstruktion vorgesehenen Befestigungspunkten.

1

2

3

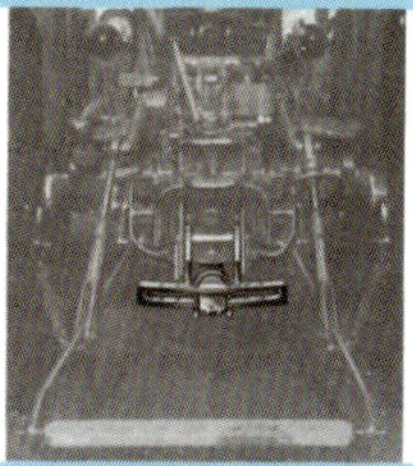

4

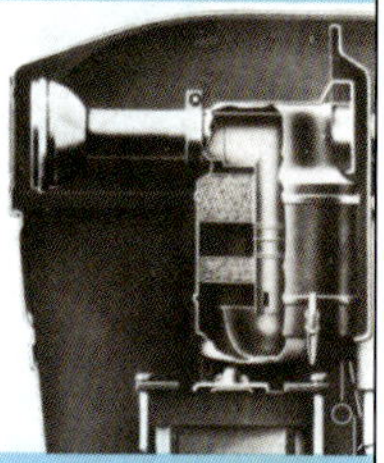

DEUTZ

Elegante und klare ausgewogene Form demonstrieren augenfällig die Reife der Konstruktion. Ein überzeugendes Beispiel fortschrittlichen Schlepperbaues.

1 Durch lange Sitzschwinge körpergerechte und stets richtige Lage des gut gefederten Fahrersitzes.

2 Teleskop-Vorderachse mit verschleißarmer Einzelradfederung

3 Großes, übersichtliches Armaturenbrett mit Traktormeter als zentrale Kontrollstation des Schleppers.

4 Zugpendel erleichtert Ackerarbeit mit schweren Anhängegeräten. Benutzung auch bei angebauter Dreipunkt-Gerätekupplung möglich. Bei Zapfwellenbetrieb mit Dreipunkt-Geräten läßt sich das Zugmaul leicht entfernen.

5 Großdimensioniertes Luftfilter an patentierter Trennwand zwischen Warm und Kaltluftzone.

6 Sicherheitsvorsteckbolzen zum leichten Ankuppeln vom Fahrersitz aus.

7 Schnellwechsel-Riemenscheibe auf Zapfwelle.

8 Seitlich liegende Mähkurbel verringert Einfallwinkel der Treibstange, dadurch hohe Mähgeschwindigkeiten möglich. (Schutzhaube abgenommen)

9 Eigener hydraulischer Hubzylinder für Mähaufzug.

10 Zweistufenkupplungspedal erhöht die Sicherheit bei Zapfwellenbetrieb.

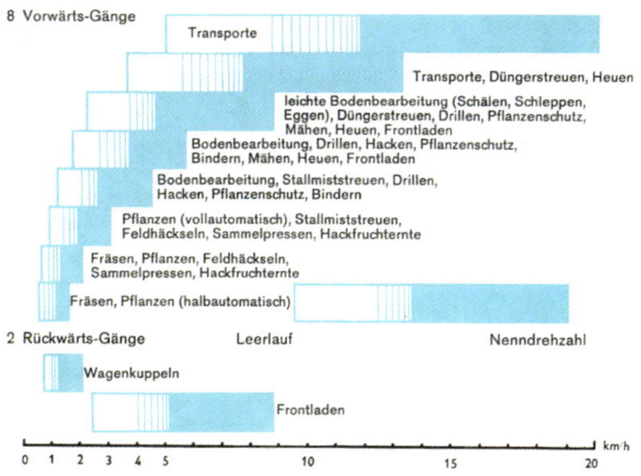

6

7

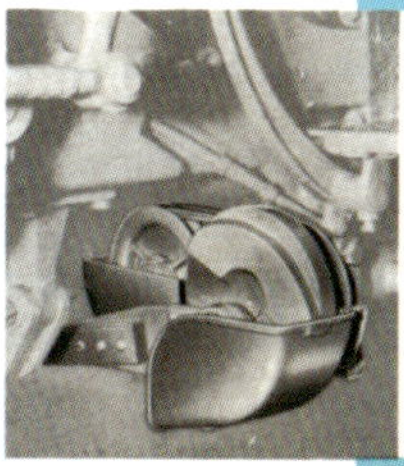
8

9

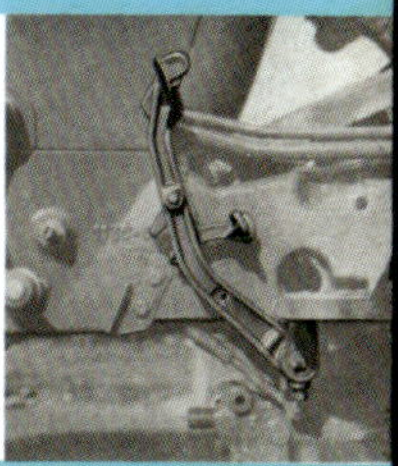
10

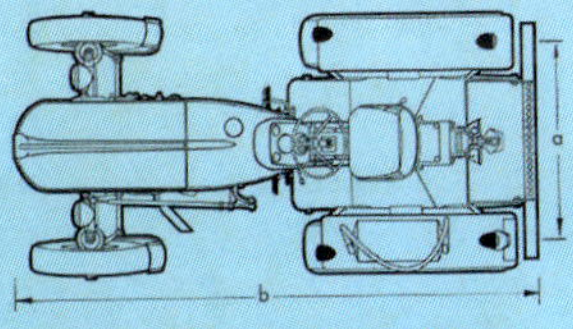

a = von 1226 bis 1726 mm bei Verstellfelgen
b = 3245 mm

c = 1950 mm d = 1630 mm

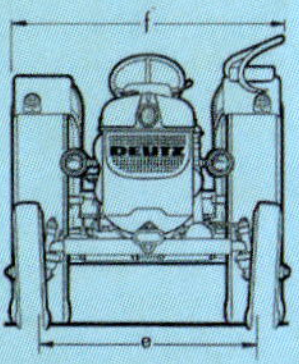

e = von 1312 mm bis 1868 mm bei Teleskopachse
f = 1560 mm

Technische Daten D 40 L

Typ	D 40.2
Bauart	Blockbauweise: Vorderachsbock, Motor, Kupplungsgehäuse und Getriebe sind unmittelbar miteinander verflanscht.
Motor	Luftgekühlter DEUTZ-Dreizylinder-Viertakt-Dieselmotor F3L 712 mit Axialgebläse; Zylinderbohrung 95 mm; Hub 120 mm; Hubraum 2550 ccm; Drehzahl 2150 U/min; Wirbelkammer mit Einlochzapfendüse; Druckumlaufschmierung mit Öldruckmanometer; Ölspülluftfilter; Funkensicherer Auspufftopf; Schmieröl- und Kraftstofffilter; Verstellung der Drehzahl von Hand; Traktormeter.
Getriebe	Schaltgetriebe mit 8 Vorwärts- und 2 Rückwärtsgängen; Getriebehandbremse.
Hinterachse	Antrieb über spiralverzahnte Antriebskegelräder und Stirnradendtrieb; Differentialsperre.
Vorderachse	Einzelradfederung.
Hinteres Zugmaul	Drehbar und höhenverstellbar.
Wenderadius	Mit Lenkbremse 3,00 m; ohne Lenkbremse 3,40 m.
Kupplung	Doppelkupplung.
Zapfwelle	Motorzapfwelle.

Variante		NF	
Leistung		35 PS	
Bereifung vorn		5.50—16 AS Front	
hinten		11—28 AS	9—36 AS
Geschwindigkeiten:			
1. Gang vorwärts	km/h	0,4—1,5	0,4—1,5
2. Gang vorwärts	km/h	2,0	2,1
3. Gang vorwärts	km/h	3,0	3,3
4. Gang vorwärts	km/h	4,4	4,8
5. Gang vorwärts	km/h	6,5	7,0
6. Gang vorwärts	km/h	8,7	9,3
7. Gang vorwärts	km/h	13,3	14,3
8. Gang vorwärts	km/h	19,4	20,0
1. Gang rückwärts	km/h	2,0	2,1
2. Gang rückwärts	km/h	8,7	9,3
Radstand	mm	1950	
Länge	mm	3245	
Breite	mm	1560	
Höhe (bis Beifahrersitzbügel)	mm	1630	1670
Bodenfreiheit unter Vorderachse	mm	420	
Spurweite vorn	mm	1312—1468	
hinten	mm	1250—1502	
Eigengewicht einschl. Hydraulik	ca. kg	1610	1620

	Drehzahl U/min	Durchm. × Breite bzw. Länge	Umfangsgeschwindigkeit
Zapfwelle (bei 1870 U/min des Motors	540	1³/₈" × 75 mm	—
Schnellwechselriemenscheibe auf Zapfwelle	1300	320 × 140 mm	21,75 m/s
Mähkurbel	1245	—	—

Sonderzubehör

DEUTZ-Bosch-Regelhydraulik Transfermatic-System (Mindesthubkraft 1250 kg über gesamten Hubbereich) mit Zusatzsteuergerät; Norm-Dreipunktgerätekupplung mit kurzer oder langer Dreipunktanhängeschiene, zweites Zusatzsteuergerät; Mähantrieb, Stockey & Schmitz-Mähwerk 4½' oder 5' mit leichtgängiger Hand- oder mit hydr. Aushebung (eigener Hubzylinder); Fritzmeier-Wetterdach mit Sicherheitsglas-Windschutzscheibe, elektrischem Scheibenwischer und Seitenumhängen; Heizungsanlage; Ackerschiene mit Plattform; Riemenscheibe mit Antrieb; schnelle Ausführung (bei Ber. 11—28 = 27,2 km/h, bei 9—36 = 29,3 km/h); Vorabscheider für Ölspülluftfilter; 2. Beifahrersitz mit Sitzkissen; Teleskopvorderachse (10fache Verstellung von 1312—1868 mm); Spurverstellräder hinten (6fache Verstellung von 1226—1726 mm); Baas-Frontlader Gr. II (450 kg Nutzlast), Vorderradbereifung 6.00—16 AS Front; Frontballast 50 kg, Vorderradballast 60 kg, Hinterradballast 165 kg.

Abbildungen, Maße, Gewichte und technische Angaben sind unverbindlich.

Eigene Verkaufsstellen in:
BERLIN · DORTMUND · FRANKFURT · HAMBURG · HANNOVER
MÜNCHEN · NÜRNBERG · SAARBRÜCKEN · STUTTGART · KÖLN

KLÖCKNER-HUMBOLDT-DEUTZ AG · KÖLN

W 1136-1 Printed in Germany 2500/08/62

BTG-ALLRAD
Dieselschlepper
DEUTZ
BTG
DEUTZ
ein neues Allradsystem
und ein wirklicher
Universal-Schlepper
für alle Arbeiten; besonders für
schwerste Arbeit am Hang und
im schwierigsten Gelände
starker Dieselmotor mit Luftkühlung –
BTG
4-Rad-Antrieb mit
4 gleich großen Rädern
und 4-Rad-Bremsen;
geländegängig mit tiefem
Schwerpunkt und trotzdem
hoher Bodenfreiheit, darum
unübertroffene Hangsicherheit.
Bayerische Traktoren- und Fahrzeugbau-Gesellschaft m. b. H. München 8

BTG-Allrad mit Mähwerk und Ladebrücke Nr. 1

BTG-Allrad Verwindung im Gelände Nr. 2

BTG-Allrad, Abfahren am Hang Nr. 3

BTG-Allrad, Zugleistung im Schlamm Nr. 4

BTG-Allrad mit hydraulischem Kipper, betätigt durch Schlepper-Hydraulik Nr. 5

DER BTG-ALLRAD-SCHLEPPER

Für Fahrten **im Gelände** und besonders bei **schwierigen Bodenverhältnissen** haben sich neben Kettenfahrzeugen auch die Fahrzeuge mit **Allrad-Antrieb** als überlegen erwiesen. Dies gilt besonders für Traktoren, die neben **vollständiger Geländegängigkeit** auch noch beachtliche Zugleistungen nachweisen müssen. In der Landwirtschaft hat man schon seit Jahrzehnten **die Richtigkeit des Allrad-Antriebes** für die Traktoren **erkannt.** Je nach Gelände und besonders auf glitschigem Boden hat sich häufig die Vollmotorisierung als unmöglich erwiesen, weil kein Bauer unter solchen Verhältnissen ohne Nachteile für seinen Betrieb auf die Beibehaltung der Gespanne trotz der damit verbundenen Mühen und Kosten verzichten konnte.

Die BTG hat es sich von Anfang an zur Aufgabe gemacht, **nur ALLRAD-Schlepper auf den Markt zu bringen** und es ist in jahrelanger Entwicklung auch gelungen, **ein wirklich neues System** zu schaffen, das die Bezeichnung **„universal"** verdient.

Die **hervorragende Gewichtsverteilung** in Verbindung mit den günstigen Getriebeverhältnissen ermöglicht dieser Maschine Zugleistungen, die weit stärkere Schlepper bisheriger Bauart in den Schatten stellen. Ein weiterer Vorzug dieser hervorragenden Gewichtsverteilung ist die **absolute Sicherheit gegen Aufbäumen auch bei schwerstem Zug in Steigungen. Im Vergleich mit dem Pferd werden die Vorteile der Gewichtsverlagerung nach vorn besonders klar.** Bekanntlich **verlegt das Pferd bei schwerem Zug sein ganzes Gewicht nach vorn** und bringt so die schweren Lasten in Bewegung.

Bei gleichzeitig **hoher Bodenfreiheit** hat die Maschine einen **sehr tiefliegenden Schwerpunkt,** wodurch das Manövrieren auch an Steilhängen gefahrlos bleibt. Ein Überschlagen gibt es nicht. **Steigungen bis zu 100%** werden genommen. Hervorzuheben ist die neue Anordnung des Fahrersitzes, bei welchem wirklich große Rücksicht auf die Bequemlichkeit und auch auf die Verhinderung der Ermüdung genommen wurde. Der Fahrer kann geradezu aus dem Stand aufsteigen. Die **bequeme Polsterbank** hat reichlich Platz **für zwei Personen,** die nebeneinander an der geschütztesten Stelle der Maschine sitzen bei ausgezeichneter Sicht. Der Fahrer wird durch den Mitfahrer in keiner Weise behindert, daher **hohe Sicherheit auch im Straßenverkehr.**

Wichtig ist beim BTG-Allrad die **Blockausführung** von Schaltgetriebe mit Vorderachse, bei welcher der Motor völlig frei vor der Vorderachse angeflanscht ist. Die Zugänglichkeit zu allen Teilen insbesondere auch bei Instandhaltungsarbeiten kann nicht übertroffen werden. Diese Anordnung des Motors vor der Vorderachse ist mit ein Grund für die hervorragende Gewichtsverteilung und die daraus resultierenden Eigenschaften der Maschine.

Das Fahrgestell — **als Einheitsfahrgestell ausgebildet** — verfügt über ein Schaltgetriebe mit **6 Vorwärtsgängen und 6 Rückwärtsgängen.** Durch ein Wendegetriebe kann praktisch **von jedem Vorwärtsgang direkt auf den entsprechenden Rückwärtsgang umgeschaltet werden. Differenzialsperren,** voneinander unabhängig, sind in der Vorder- und in der Hinterachse eingebaut. Auch die Pumpe des Krafthebers liegt normalerweise in dem Schaltgetriebe. **Die Zapfwelle** ist im vorderen Getriebeblock angeordnet, von wo aus eine Verlängerung zu der rückwärts in Fahrzeugmitte liegenden Zapfwelle führt. Kraftabgabe ist an beiden Stellen möglich. Die Zapfwelle mit ihrem Durchmesser von 35 mm entspricht der DIN 9611. Der Block der Vorderachse **kann frei gegen die Hinterachse pendeln.** Diese Eigenart ist eine Voraussetzung für die hervorragende Geländegängigkeit der Maschine, denn es treten selbst bei Hindernissen im Gelände keine schädlichen Verwindungen auf. Auch im unwegsamen Gelände wird durch dieses System **für alle 4 Räder immer eine sichere Bodenhaftung gewährleistet.** Darin zeigt der BTG-Allrad auch seine Überlegenheit über die üblichen Kettenfahrzeuge.

Die **Bremse** wirkt auf **alle vier Räder** und zwar sowohl die Fußbremse, wie auch die Handbremse. Mit ihrer großen Bremswirkung trägt sie noch wesentlich zur Sicherheit des Traktors bei.

Die elektrische Ausrüstung entspricht den Vorschriften der St. V. Z. O. Der Gerätescheinwerfer als Sucher nach rückwärts wird auf Wunsch angebracht. Infolge der Anordnung der Antriebselemente und des Fahrersitzes liegt die **Hinterachse** des Traktors **vollkommen frei.** Der Raum vor, unter und über bzw. hinter der Hinterachse ist somit für die Anordnung von Geräten ohne Behinderung zu verwenden. Hier sind **folgende Anbauten** vorgesehen:

a) **Alle bekannten Geräte für Kraftheber mit 3-Punktaufhängung.**
b) **BTG-Anbau-Mähwerk** mit hydraulischer Hubvorrichtung in Verbindung mit der Schlepper-Hydraulik.
c) **Brücke** zum Aufstecken oder als **hydr. Kipperaufbau** zur Aufnahme kleiner Lasten.
d) Aufbau einer **Seilwinde** über der Hinterachse mit Antrieb durch Zapfwelle und Seilablauf nach unten über eine nach **vorwärts und rückwärts** ververwendbare Leitrolle. Die Verwendung der **Zapfwelle** für sonstige Zapfwellengeräte wird durch die aufgebaute Seilwinde **nicht beeinträchtigt.**
e) Ein organisch aufgebautes **Schutzverdeck** mit breiter Windschutzscheibe gibt Fahrer und Mitfahrer vollkommen sicheren Wetterschutz.

Der BTG-Allrad hat in vielen Einsätzen die in ihn gesetzten Erwartungen übertroffen. Er **vermindert die gefürchtete Verdichtung** des Bodens durch geringes Gewicht und besonders durch die gleichmäßige Gewichtsverteilung auf Vorder- und Hinterachse. **Feldarbeiten** waren noch bei ungünstiger Witterung – auch bei langen Regenperioden – **im weichen Boden ohne Schwierigkeit** durchzuführen. **Bergfahrten** wurden zum Teil unter Last mit der Maschine bei Almbegehungen durchgeführt auf Wegen, die bisher Niemandsland für Schlepper waren.

Der hydraulische Kraftheber ist mit Boschgeräten ausgerüstet. Die Pumpe ist unmittelbar in das Getriebe eingebaut und in ihrer Größe so bemessen, daß **kurze Hubzeiten** erreicht werden. Das gesamte Hydrauliksystem arbeitet mit Getriebeöl, also ohne separatem Ölbehälter. Da die Pumpe im Getriebe kupplungsabhängig ist, wird **auf Wunsch die Pumpe unmittelbar mit dem Motor verbunden,** wodurch Hubgeräte insbesondere Lader und dergl. auch bei ausgekuppelter Maschine betätigt werden können. In der Normalausführung ist der hydraulische Kraftheber einfach wirkend, d. h. zum Heben eingerichtet. Auf Wunsch wird die doppelwirkende Ausführung, d. h. zum Heben und Drücken geliefert.

Das BTG-Mähwerk wurde der hohen Bodenfreiheit des BTG-Allrad-Schleppers angepaßt. Dazu wurde auch die Forderung nach leichtem An- und Abbau des Mähwerks vollkommen erfüllt. Der Mähantrieb hat unabhängige Schaltung, die durch Federdruck sofort bei Auslösen das Mähwerk still setzt.

Die Riemenscheibe ist als Aufsteckaggregat mit Winkeltrieb ausgeführt. Sie wird auf die Zapfwelle an der Rückseite des Traktors aufgesteckt.

Die Seilwinde — in robuster Bauart — wird über der freien Hinterachse aufgebaut. Dabei bleibt die Zapfwelle vollkommen unbehindert. Auch **der Kraftheber in 3-Punkt-Ausführung kann beibehalten werden.** Der Antrieb der Winde erfolgt durch abnehmbare Gelenkwelle, die — in Teleskopausführung — jeder Pendelbewegung der Maschine ungehindert folgen kann. Die eingebaute Drehmoment-Sicherung schützt Winde und Antrieb bei Überlastung. Das Seil wird von der Winde nach unten über eine kräftige Seilführung unter der Hinterachse hindurch nach hinten oder nach Umstecken der Führung nach vorn geführt. Die schwere Bergstütze, die unter der Maschinenmitte angelenkt ist, wird kräftig gegen die Hinterachse nach oben abgestützt. Da bei der BTG-Windenanordnung der 3-Punkt-Kraftheber beibehalten wird, kann die Bergstütze mit dem Kraftheber bedient werden.

Zum Rücken der Stämme wird **zusätzlich eine hochliegende Anhängevorrichtung** angeordnet. Dadurch können die Stämme — kurz angehängt — direkt gezogen werden, wobei der Fahrer infolge der richtigen Gewichtsverteilung beim BTG-Allrad **kein Aufbäumen** zu befürchten hat.

Als Zusatzgerät kann in diese Anhängevorrichtung eine Leitrolle eingesteckt werden. **Das Seil der Winde** — über diese Rolle geleitet — **kann die Stämme heranziehen und gleichzeitig anheben.**

Außer der beschriebenen Aufbau-Seilwinde für schwere Beanspruchung können bei allen Modellen **Seilwinden** zur Aufnahme im **3-Punkt-Gestänge** mit Zapfwellenantrieb angeordnet werden.

Die Ladebrücke über der Hinterachse für den Transport leichterer Lasten kann sowohl als festes Aufsteckgerät als auch als Kippaufsatz geliefert werden. Beim Anbau eines **Frontladers** wird dieser unmittelbar über der kräftigen Lagerung der Vorderräder angelenkt. In Anbetracht der völlig freien Hinterachse beim BTG-Allrad wird besonders auf den **Hecklader** aufmerksam gemacht. Mit der Möglichkeit des Arbeitens nach rückwärts kann dieser auch für größere Lasten ausgelegt werden.

Räum- oder Planiergeräte sowie **Lader mit allen Zusatzwerkzeugen** arbeiten **beim BTG-Allrad nach rückwärts.** Auch alle anderen Geräte, die bei Schleppern herkömmlicher Bauart **als Frontgeräte** eingesetzt werden, werden zum gleichen Zweck **beim BTG-Allrad nach rückwärts wirkend** an der Hinterachse montiert. Für diese Aufgabe wird rechts vor dem Doppelpolstersitz ein Klappsitz angeordnet, auf welchem der Fahrer quer zur Fahrtrichtung sitzt. Er hat so nach beiden Richtungen freie Sicht ohne sich umzuwenden. Da alle 6 Vorwärtsgänge **durch das neue Wendegetriebe** gleichzeitig als Rückwärtsgänge arbeiten können, **kann die Geschwindigkeit der Maschine jeder Arbeit angepaßt werden.** Die Arbeitsgeräte selbst bleiben in ausgezeichneter Sicht für den Fahrer.

Gitterräder: Auf druckempfindlichem Boden (Moor, Seegrund zur Schilfgewinnung — siehe Bild Nr. 4 —) können gleichzeitig an alle 4 Räder zur Verbreiterung Gitterräder angeschraubt werden. Die Verwendung der Gitterräder ist bei Bestellung anzugeben, weil — mit Rücksicht auf den großen Lenkeinschlag der Vorderräder — die Vorderkotflügel schräg zurückgezogen werden.

Allrad-Lenkung: Die Abmessungen der Vorder- und Hinterachse sind gleich, so daß beide Achsen gegeneinander austauschbar sind. Es können daher auch beide Achsen lenkbar ausgeführt werden. Bei dem großen Lenkeinschlag der Vorderräder kann jedoch im normalen Schleppereinsatz auf die 4-Rad-Lenkung verzichtet werden. Dem Vorteil des mit der 4-Rad-Lenkung erreichbaren kleineren Wendekreises steht der Nachteil der begrenzten Geräte-Unterbringung zwischen den gelenkten Hinterrädern gegenüber. Die Allrad-Lenkung wird daher auf wenige Sonderfälle beschränkt bleiben.

BTG-Allrad mit Seilwinde und Bergstütze Nr. 6

BTG-Allrad mit Pick-Up-Presse am Hang Nr. 7

BTG-Allrad mit Aufsattelpflug Nr. 8

BTG-Allrad mit Lader 600 kg Hublast Nr. 9

BTG-Allrad bei der Holzabfuhr Nr. 10

DER BTG-ALLRAD-SCHLEPPER

durch

Allrad-Antrieb

mit

4 gleich großen Rädern

und günstiger

Gewichtsverteilung

überlegen

in jedem Gelände, auch auf

druckempfindlichen

Böden

BTG-Allrad überzeugend am Steilhang

kein Aufbäumen

keine Ballastgewichte

große

Hangsicherheit

durch

tiefliegenden

Schwerpunkt

bei großer

Bodenfreiheit

TECHNISCHE HAUPTDATEN:

Deutz-Motor F 3 L 712, luftgekühlt, 35 PS, Hubraum 2 550 ccm, mit elektr. Anlasser und Beleuchtung, Allradantrieb über **4 gleich große Räder,** geländegängig, **Getriebe** mit 6 Vorwärts- und 6 Rückwärtsgängen, (Wendegetriebe), Portalachsen, Differentialsperren in beiden Achsen, 4-Radbremse als Fuß- und Handbremse, Zapfwelle, ZF-Lenkung, 2-Stufen-Anhänger-Kupplung und Abschleppkupplung vorn, **Doppelpolstersitz** in Fahrzeugmitte. — Bereifung: 4 gleiche Räder 9-24 AS.

Geschwindigkeiten:

Vorwärts	1. Gang zugl. Kriechgang	km/Std.	0,6 — 1,84
	2. Gang	,,	2,92
	3. Gang	,,	5,28
	4. Gang	,,	7,65
	5. Gang	,,	11,60
	6. Gang	,,	20,00
rückwärts	1. Gang	km/Std.	1,66
	2. Gang	,,	2,56
	3. Gang	,,	4,67
	4. Gang	,,	6,/5
	5. Gang	,,	10,25
	6. Gang	,,	17,10

Abmessungen:

Länge	3 660 mm
Breite	1 530 mm
Höhe	1 550 mm
Höhe mit Dach	2 100 mm
Radstand	1 900 mm
Spurweite	1 250 / 1 500 mm
Bodenfreiheit	525 mm
Seekiste 1700 × 1750 × 3600 =	10,5 cbm
Eigengewicht betriebsfertig	1 840 kg
Achsdruck vorn	1 100 kg
hinten	740 kg
zulässiges Gesamtgewicht	2 200 kg
Gewicht komplett mit Seekiste	2 450 kg

Motoren-Einbau im BTG-Allrad Nr. 11

BTG-Allrad mit 3-Punkt-Kraftheber Nr. 12

Weitere Bücher unseres Verlages

Fordern Sie unser Gesamtverzeichnis an mit Büchern über **Autos**, **Motorräder**, **Lastwagen**, **Traktoren**, **Feuerwehrfahrzeuge**, **Baumaschinen** und **Lokomotiven**:

Verlag Podszun Motorbücher GmbH
Elisabethstraße 23-25, 59929 Brilon
Telefon 02961-53213, Fax 02961-9639900
Email info@podszun-verlag.de
www.podszun-verlag.de

Chronik der in die DDR importierten Schlepper wie Belarus, Zetor, Ursus, Kirowetz, Nati u.a.

128 Seiten, 300 Abbildungen
28 x 21 cm, fester Einband
Bestellnummer **455** EUR **24,90**

Eine lückenlose Typologie der in der DDR gebauten Traktoren mit bisher unveröffentlichten Bildern.

136 Seiten, 310 Abbildungen
28 x 21 cm, fester Einband
Bestellnummer **348** EUR **19,90**

Einzigartige, bisher unveröffentlichte Fotografien aus den besten Jahren des Lanz Bulldog.

168 Seiten, 480 Abbildungen
28 x 21 cm, fester Einband
Bestellnummer **479** EUR **24,90**

Mähdrescher in Deutschland in drei Bänden. Band 1: Bautz, Claas, Dechentreiter, Fahr, Fella, Fendt

136 Seiten, 305 Abbildungen
28 x 21 cm, fester Einband
Bestellnummer **315** EUR **24,90**

Band 2: Fiatagri (Laverda), Fortschritt (MDW), International (Case IHC), John Deere, Ködel & Böhm

160 Seiten, 333 Abbildungen
28 x 21 cm, fester Einband
Bestellnummer **406** EUR **24,90**

Band 3: Lanz, Massey Ferguson, Mengele, New Holland (Ford), Sampo Rosenlew u.a.

144 Seiten, 325 Abbildungen
28 x 21 cm, fester Einband
Bestellnummer **407** EUR **24,90**

Oliver Aust zeigt in kompetenter Weise ungewöhnliche Einsatzfotos von allen MB trac-Baureihen.

120 Seiten, 280 Abbildungen
28 x 21 cm, fester Einband
Bestellnummer **423** EUR **24,90**

Oliver Aust ist seit vielen Jahren in ganz Deutschland den Eicher Traktoren auf der Spur.

144 Seiten, 360 Abbildungen
28 x 21 cm, fester Einband
Bestellnummer **535** EUR **24,90**

Miststreuer und Güllewagen, ausgestattet mit den modernsten technischen Systemen.

110 Seiten, 288 Abbildungen
28 x 21 cm, fester Einband
Bestellnummer **475** EUR **19,90**

Alle wichtigen deutschen Traktoren von den Anfängen bis heute in chronologischer Folge.

144 Seiten, 415 Abbildungen
28 x 21 cm, fester Einband
Bestellnummer **316** EUR **19,90**

Fendt Agrobil S, Dieselmotor im Schlepperbau, Lanz Eil-Bulldog, Tragschlepper u.a.

144 Seiten, 275 Abbildungen
17 x 24 cm, Leinenbroschur
Bestellnummer **499** EUR **14,90**

Porsche, Kirovetz, Hanomag WD-Radschlepper, Allrad-Frontsitz, Fendt Xylon u.a.

144 Seiten, 290Abbildungen
17 x 24 cm, Leinenbroschur
Bestellnummer **525** EUR **14,90**

Unimog unter Tage, Dammann, MB-trac 1600 turbo, Generalvertretung Ahlborn u.a.

144 Seiten, 285 Abbildungen
17 x 24 cm, Leinenbroschur
Bestellnummer **529** EUR **14,90**

MB-trac turbo 900, Unimog-vertretung Bleses aus Köln, Unimog-Programm 1996 u.a.

144 Seiten, 285 Abbildungen
17 x 24 cm, Leinenbroschur
Bestellnummer **572** EUR **14,90**

Die erfolgreiche und höchst interessante Geschichte des Fendt GT umfassend aufgearbeitet.

144 Seiten, 500 Abbildungen
28 x 21 cm, fester Einband
Bestellnummer **418** EUR **24,90**

Die Hersteller mit ihren wichtigsten Anbaugeräten sowie die Entwicklung und Funktionsweise.

152 Seiten, 550 Abbildungen
28 x 21 cm, fester Einband
Bestellnummer **441** EUR **29,90**

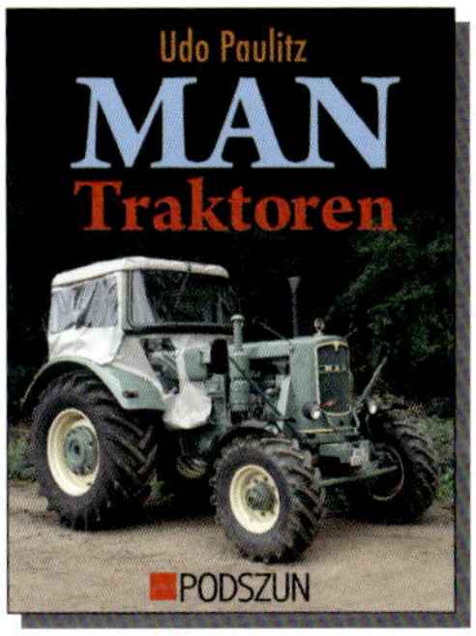

Lückenlose Typologie aller Traktoren dieser legendären Marke mit vielen unbekannten Fotos.

160 Seiten, 470 Abbildungen
28 x 21 cm, fester Einband
Bestellnummer **473** EUR **19,90**

Prospekte und Bilder von der am längsten und erfolgreichsten produzierten Traktorreihe.

144 Seiten, viele Abbildungen
28 x 21 cm, fester Einband
Bestellnummer **511** EUR **24,90**

Holder-Chronik von 1888 bis 2000 mit zahlreichen Originalfotos aus dem Holder-Archiv.

144 Seiten, 340 Abbildungen
28 x 21 cm, fester Einband
Bestellnummer **326** EUR **24,90**

Alle deutschen Holzgastraktoren kenntnisreich erklärt, mit vielen Abbildungen und techn. Daten.

176 Seiten, 360 Abbildungen
28 x 21 cm, fester Einband
Bestellnummer **417** EUR **29,90**

Die Geschichte des Milchtransports vom Handkarren bis zu den modernen Tankfahrzeugen.

144 Seiten, 380 Abbildungen
28 x 21 cm, fester Einband
Bestellnummer **562** EUR **24,90**

Die seltensten Original-Prospekte, auch von MB-trac-Aufbauherstellern.

144 Seiten, viele Abbildungen
28 x 21 cm, fester Einband
Bestellnummer **563** EUR **24,90**

NM-J 24